国家级一流本科专业建设点配套教材·服装设计专业系列
辽 宁 省 一 流 本 科 课 程 配 套 教 材
高等院校艺术与设计类专业"互联网+"创新规划教材

丛书主编｜任　绘

丛书副主编｜庄子平

服装工艺制作（三）：
大衣结构设计与制作

孙晓宇　编著

U0195013

北京大学出版社
PEKING UNIVERSITY PRESS

内 容 简 介

大衣是人们着装系统中重要的服装品类之一，带给人们的不仅仅是保暖功效，更多的是表现出来的无限的风采和潇洒的廓型。无论从何种角度来看，大衣都是一件漂亮的时尚单品，也是时尚圈的常青树，其魅力是不言而喻的。

本书共 7 章，分为理论篇与实践篇：理论篇对大衣结构设计课程、制图原理与制图基础进行阐述；实践篇按照大衣的造型分为 5 章进行介绍，详细讲解了大衣制板结构与轮廓设计的造型规律，以及结构线与轮廓线的绘制方法。本书最大的特点是分步讲解大衣制图绘制方法，读者可以按照制图步骤反复研习，全面掌握大衣的结构设计原理，完成大衣纸样设计的全过程。

本书可作为高等院校服装设计专业实践课程教材，也可作为广大服装技术爱好者的自学参考用书。

图书在版编目（CIP）数据

服装工艺制作. 三，大衣结构设计与制作 / 孙晓宇编著. —北京：北京大学出版社，2024.6. —（高等院校艺术与设计类专业"互联网+"创新规划教材）. ISBN 978-7-301-35169-7

Ⅰ. TS941.714

中国国家版本馆 CIP 数据核字第 20245YR624 号

书　　　名	服装工艺制作（三）：大衣结构设计与制作
	FUZHUANG GONGYI ZHIZUO（SAN）：DAYI JIEGOU SHEJI YU ZHIZUO
著作责任者	孙晓宇 编著
策划编辑	孙　明
责任编辑	蔡华兵
数字编辑	金常伟
标准书号	ISBN 978-7-301-35169-7
出版发行	北京大学出版社
地　　　址	北京市海淀区成府路 205 号　100871
网　　　址	http://www.pup.cn　新浪微博：@北京大学出版社
电子邮箱	编辑部 pup6@pup.cn　总编室 zpup@pup.cn
电　　　话	邮购部 010-62752015　发行部 010-62750672　编辑部 010-62750667
印刷者	三河市博文印刷有限公司
经销者	新华书店
	889 毫米 ×1194 毫米　16 开本　15.75 印张　306 千字
	2024 年 6 月第 1 版　2024 年 6 月第 1 次印刷
定　　　价	69.00 元

序言

　　纺织服装是我国国民经济传统支柱产业之一，培养能够担当民族复兴大任的创新应用型人才是纺织服装教育的重要任务。鲁迅美术学院染织服装艺术设计学院现有染织艺术设计、服装与服饰设计、纤维艺术设计、表演（服装表演与时尚设计传播）4个专业，经过多年的教学改革与探索研究，已形成4个专业跨学科交叉融合发展、艺术与工艺技术并重、创新创业教学实践贯穿始终的教学体系与特色。

　　本系列教材是鲁迅美术学院染织服装艺术设计学院六十余年的教学沉淀，展现了学科发展前沿，以"纺织服装立体全局观"的大局思想，融合了染织艺术设计、服装与服饰设计、纤维艺术设计专业的知识内容，覆盖了纺织服装产业链多项环节，力求更好地为全产业链服务。

　　本系列教材秉承"立德树人"的教育目标，在"新文科建设""国家级一流本科专业建设点"的背景下，积聚了鲁迅美术学院染织服装艺术设计学院学科发展精华，倾注全院专业教师的教学心血，内容涵盖服装与服饰设计、染织艺术设计、纤维艺术设计3个专业方向的高等院校通用核心课程，同时涵盖这3个专业的跨学科交叉融合课程、创新创业实践课程、产业集群特色服务课程等。

　　本系列教材分为染织服装艺术设计基础篇、理论篇、服装艺术设计篇、染织艺术设计篇、纤维艺术设计篇5个部分，其中，基础篇、理论篇涵盖染织艺术设计、服装与服饰设计、纤维艺术设计3个专业本科生的全部专业基础课程、绘画基础课程及专业理论课程；服装艺术设计篇、染织艺术设计篇、纤维艺术设计篇涵盖染织艺术设计、服装与服饰设计、纤维艺术设计3个专业本科生的全部专业设计及实践课程。

　　本系列教材以服务纺织服装全产业链为主线，融合了专业学科的内容，形成了系统、严谨、专业、互融渗透的课程体系，从专业基础、产教融合到高水平学术发展，从理论到实践，全方位地展示了各学科既独具特色又关联影响，既有理论阐述，又有实践总结的集成。

　　本系列教材在体现了课程深厚历史底蕴的同时，展现了专业领域的学术前沿动态，理论与实践有机结合，辅以大量优秀的教学案例、社会实践案例、思考与实践等，以帮助读者理解专业原理、指导读者专业实践。因此，本系列教材可作为高等院校纺织服装时尚设计等相关学科的专业教材，也可为从事该领域的设计师及爱好者提供理论与实践指导。

中国古代"丝绸之路"传播了华夏"衣冠王国"的美誉。今天，我们借用古代"丝绸之路"的历史符号，在"一带一路"倡议指引下，积极推动纺织服装产业做大做强，不断地满足人民日益增长的美好生活需要，同时向世界展示中国博大精深的文化和中国人民积极向上的精神面貌。因此，我们不断地探索、挖掘具有中国特色纺织服装文化和技术，虚心学习国际先进的时尚艺术设计，以期指导、服务我国纺织服装产业。

一本好的教科书，就是一所学校。本系列教材的每一位编者都有一个目的，就是给广大纺织服装时尚爱好者介绍先进思想、传授优秀技艺，以助其在纺织服装产品设计中大展才华。当然，由于编写时间仓促、编者水平有限，本系列教材可能存在不尽完善之处，期待广大读者指正。

欢迎广大读者为时尚艺术贡献才智，再创辉煌！

鲁迅美术学院染织服装艺术设计学院院长
鲁美·文化国际服装学院院长
2021 年 12 月于鲁迅美术学院

PREFACE

前言

一、课程设置的背景和意义

1. 课程设置的背景

党的十九大以来，党和国家对我国高等教育"双一流"建设提出了新要求和新期望。围绕立德树人的根本目标，确保人才培养质量服务国家发展战略，着力培养具有家国情怀、全球视野的高素质创新创业人才，是加快高等院校"双一流"建设的重要基础和支撑。

"科教兴国、人才强国、创新驱动"是新时代的发展战略，党的二十大报告中明确指出"教育、科技、人才是全面建设社会主义现代化国家的基础性、战略性支撑。必须坚持科技是第一生产力、人才是第一资源、创新是第一动力"；同时，强调"增进民生福祉，提高人民生活品质"。这些重要的精神，是高等院校服装设计专业的教育宗旨和人才培养的正确方向，高等院校应办好服装教育，培养创新型应用人才，为提高人民生活品质而服务。

本课程是服装设计专业实践教学的研究成果，已被评为"辽宁省一流本科课程"。我们在教学过程中根据课程要求，改革人才培养模式，着重强调大衣结构设计基本原理、基本概念和基本方法，同时更加注重实际应用，将课程的理论科学性和技术实践性进行和谐统一。本课程的特点也正符合艺术院校所倡导的"艺术与技术结合、理论与实践结合"的教学理念，在服装设计教学链条中起着不可替代的、承上启下的重要作用。

2. 课程设置的意义

服装是贴近人们日常生活的设计产品，需要艺术与技术的合璧支撑。服装设计专业的学生基本是艺术类考生，所欠缺的正是对服装技术的实践能力。因此，培养学生对服装结构的深入学习能力是服装入门的基础和重点，而服装结构设计是服装造型的关键步骤。

大衣作为服装的重要品类之一，是人们日常生活中不可或缺的常用服装，对其结构、形态和造型的研究显得尤为重要。编者在三十多年的服装实践和教学过程中，深刻地认识到理解与掌握大衣的结构设计，可以很好地促进学生提升和把握服装整体造型意识的能力。为确保图例结构线的准确性及服装放量数据的科学性，编者多年来数次检查并修正相关数据，可谓"十年磨一剑"，力争为高等院校服装教学体系的完善添砖加瓦，以尽绵薄之力。

二、课程的重点和难点

本课程是服装设计教学系统课程中递进到第三阶段的实践课程，重点训练学生的实际制图能力和动手操作能力。

1. 课程的重点：制图内容

本课程详细阐述和重点介绍了 16 款具有代表性的男、女大衣造型的结构设计方法，以及不同的结构设计所表现不同的轮廓形态。针对学生在学习过程中遇到的实际问题，以及在结构设计过程中应该注意的人体重要部位的放量，着重讲解大衣结构的绘制方法。

本书中所有结构制图都以文化式服装原型为基础，以不同款型大衣与人体之间的放量设计为主线，采用分步图解的方式讲述，并配以文字说明，直观明了。其目的在于为服装设计专业的学生和广大服装技术爱好者提供一些参考，对提升服装设计专业实践课程的教学效果起到一定的促进作用。

2. 课程的难点：造型思维方法

引导学生在造型过程中，坚持以立体思维为先导，注重平面制板与立体造型相结合的纸样设计方法。书中所有款式的结构设计制图，先采取立体思维与平面思维并用的方法，再从平面结构制图设计转化为立体的服装形态，通过这样一个抽象与具象互动的思维过程，塑造出大衣的空间造型。书中的结构设计方法就是基于此教学任务编写的，其中总结了不同款型的大衣在各种廓形下结构线的不同变化和走势。这在学生形成结构设计思维的过程中，能起到指导和启迪的作用。

三、本书的主要特色

1. 运用多媒体制图造型手段及网络授课形式

本书主体采用多媒体教学结合服装 CAD 软件来表现设计成果从过程到完成的总体效果，图面展现效果清晰、美观、准确，是以往手绘结构图所不能比拟的。这种表现形式既可以打印出纸质材料，又可以以电子文件的形式保存，灵活多变，易于储存。在课堂教学期间，教师可以运用多媒体教学的便利条件，链接服装 CAD 软件进行操作，无论在课堂的任何角落，学生都可以清楚地掌握教学内容。

在课下，可以把设计成果的电子文件传到学生微信群和线上课堂，有利于学生复习和参考借鉴。教师可运用网络手段对学生进行辅导，有利于保护学生的学习主动性。

2.结构制图的分步细化表现

本书中每一款大衣结构的每一个制图部位都做了分步介绍，非常有利于初学者学习，针对学生在服装设计核心技术上的短板也是一个很好的提升手段。因为以往服装设计专业学生在服装效果图的表现上比较得心应手，但到了要把设计实现为成衣的时候，就变得很困难，无从下手甚至不知所措。本书中的制图讲解中基本可以解决这个令学生感到困惑的难题。其中，将结构制板前要做的准备工作，以及从第一步开始直到完成的过程，都力争标注清楚。学生跟随书中所列示的步骤理顺思路，在后续结构制板二次创作的过程中，便可避免思路不清晰、技术匮乏等问题。这种分步骤的细化介绍，在以往的服装设计教材中较少出现，非常有利于读者的学习理解和参考借鉴。

四、制图原理说明

女式大衣部分以日本女装文化式新原型（第八代）为理论基础进行结构制图，但没有放弃介绍第七代原型的运用方法，因为这两代原型在制图方法上各有千秋，并且有些院校仍在使用第七代文化式原型，所以在立领女式大衣和覆肩式女式大衣的结构制图中采用的是第七代文化式原型，这样可以使学生了解两代原型的运用方法及各自的特点。

男式大衣部分运用文化式男装原型作为理论基础来完成结构制图设计。编者在进行男式大衣的结构设计制图时，结合实践经验和当代审美趋势，在领口深度设计、绱领线角度设计及结构线、轮廓线走势角度的设计上都进行了改进，改变了老式西服领制图的尺寸与角度，充分考虑了现代审美趋势对服装造型的要求，在尺寸设定上具有一定的特点。这一点请读者在参考制图的时候通过实践来体会。

本书注重课题训练的教学研究和实训作业的设计，在各章章首部分统一设置了教学目标和要求等，这样可以让学生带着问题来听课，抓住每个章节的主要内容、细节要领、重点和难点，通过理论和实践的密切结合来及时消化学习的内容。

除了平时做好课堂训练，课程学完后，要求学生完成最终大作业——设计制作一两件大衣成品，并记录从创作到成衣的过程图片，编制一份作品集。成衣与作品集需要同时作为学生完成学习内容的课程评价依据，这对学生最大限度地掌握课程内容可以起到很好的促进作用。

　　本书在编写过程中得到了鲁迅美术学院领导和同事的大力支持，在研究过程中遇到困难的时候大家都给予了很多帮助。由于需要全面、准确地将更多的信息介绍给读者，本书在注重制图质量、详细介绍结构设计过程的同时还参考了相关学者的著作。书中的线描效果图，由编者的研究生蔡天一和孙萌萌同学完成。在此谨向以上人士表示衷心的感谢！

　　由于编者能力有限，一些数据虽经多次修正，但仍会存在一些问题，因此书中不足之处在所难免，恳请相关专业人士与广大读者批评指正。

孙晓宇

2024 年 1 月

目录

CONTENTS

课时安排

篇	章	节	课 程 内 容
理论篇	第一章 大衣结构设计课程概述（2学时）	一	大衣基础知识（0.5学时）
		二	大衣结构设计课程的教学目的与教学任务（0.5学时）
		三	大衣常用面料、辅料与用料计算方法（1学时）
	第二章 大衣结构制图原理与制图基础（10学时）	一	文化式服装原型介绍（1学时）
		二	文化式女装原型制图（4学时）
		三	文化式男装原型制图（4学时）
		四	服装制图符号与量体基础知识（1学时）
实践篇	第三章 束腰型女式长大衣（18学时）	一	戗驳领双排扣女式长大衣（6学时）
		二	翻驳领女式长大衣（6学时）
		三	约克式女式长大衣（6学时）
	第四章 束腰型女式中短大衣（20学时）	一	修身型女式中长大衣（5学时）
		二	风衣式女式中长大衣（5学时）
		三	双排扣三开身女式中长大衣（5学时）
		四	低腰线女式短大衣（5学时）
	第五章 筒身型女式大衣（20学时）	一	高腰线女式中长大衣（5学时）
		二	立领女式短大衣（5学时）
		三	连帽牛角扣女式短大衣（5学时）
		四	无领连肩袖女式短大衣（5学时）
	第六章 宽身型女式大衣（10学时）	一	宽松式贴袋女式长大衣（5学时）
		二	插肩袖平领女式短大衣（5学时）
	第七章 男式大衣（20学时）	一	男式大衣经典款型追溯（2学时）
		二	翻驳领单排扣男式大衣（6学时）
		三	猎装式男式大衣（6学时）
		四	方领男式大衣（6学时）

理论篇〇

第一章
大衣结构设计课程概述

【教学目标和要求】

目标：明确学习大衣结构设计课程的目的与任务，能够系统地掌握大衣的构成原理，做好下一步学习大衣结构设计的课前知识储备。

要求：了解大衣的基本常识、大衣产生的由来与发展趋势，调研当下较为知名服装品牌的经典大衣的款式特点，学习认知大衣面料的种类及用料计算方式。

【本章重点和难点】

重点：

（1）对大衣的基本常识的认知及对大衣的经典造型的了解。

（2）明确本课程的训练内容，提升自身实践操作能力。

难点：全面掌握大衣的发展趋势与造型分类，训练对服装面料、里料及辅料的认知。

在我国古代，大衣代指女生的礼服，"大衣"一词起源于唐代，沿用至明代。西式大衣约在19世纪中期与西装同时传入中国。在欧洲，约18世纪30年代，上层社会才出现男式大衣。

第一节　大衣基础知识

一、大衣的定义

大衣（coat）也称为外套，顾名思义，是指穿在最外面的服装，具有防御风寒功能的长外衣，可以将衣长过臂的外穿服装统称为大衣。大衣一般为长袖，前方可打开并可以纽扣、拉链、魔鬼毡或腰带束起，具有保暖或美观功效。

从广义上说，大衣也包括风衣、雨衣等。大衣的作用是防寒、防风，有些用特殊面料制作的大衣还具有防雨、防尘的作用。大衣会随着不同时期服装潮流的变化而变化。

二、大衣的产生与发展

1. 大衣的产生与发展趋势

在18世纪30年代，欧洲上层社会男装款式中出现了男式大衣，其结构一般在腰部横向剪接，腰围合体，当时称为礼服大衣或长大衣（图1-1）。到了19世纪20年代，大衣成为日常生活服装，衣长至膝盖下，大翻领，收腰式，门襟有单排纽扣和双排纽扣。约19世纪60年代，大衣长度又变为齐膝，腰部无接缝，翻领缩小，衣领缀以丝绒或毛皮，以贴袋为主，多用粗呢面料制作（图1-2）。

图1-1

图1-2

　　女式大衣（图1-3～图1-6）大约出现于19世纪末，是在女式羊毛长外衣的基础上发展而来的，衣身较长，大翻领，收腰，大多采用天鹅绒的面料。

图1-3

图1-4

【本页彩图】

图1-5

图1-6

　　近年来，服装造型逐渐简约化，人们的着装理念也发生了显著变化，主要原因是服装产业发生了显著变化、取暖设备及汽车的普及、气候变暖带来了暖冬现象等。因此，大衣不仅具有实用性、功能性，时尚性也成为一个重要的因素，而且在面料、辅料及制作方法上更趋向于合体、轻快。

　　由于大衣是外套，所以不能不考虑里面穿着的服装。随着里面穿的衣服种类及宽松度的不同，大衣的形状也要随之改变。现代男式大衣大多为直身的宽腰式，款式的变化主要在领、袖、门襟、口袋等部位；女式大衣一般随流行趋势而不断变换式样，无固定格局，有的采用多块衣片组合成衣身，有的下摆呈波浪形，有的则配以腰带等附件。

2. 国际部分经典大衣品牌介绍及款式赏析

（1）Burberry（博柏利）。

Burberry 是英国的奢侈品品牌，由 Thomas Burberry 于 1856 年创立。Burberry 拥有一百多年的历史，是具有浓厚英伦文化的知名品牌，成为奢华、品质、创新及永恒经典的代名词，旗下的风衣作为品牌标识享誉全球。长期以来，该品牌不断与时俱进，在承袭品牌英伦传统的同时，崇尚户外开拓探索精神，礼赞创意、想象力与自由。图 1-7、图 1-8 所示的两款男式大衣是 Burberry 在 2020 年推出的，极具品牌风格，延续了以往的英伦气质，结构大气而内敛，突出了男性的阳刚帅气，面料规格工整、工艺考究精致。

【本页彩图】

图 1-7   图 1-8

（2）Chanel（香奈儿）。

Chanel 是由 Gabrielle Chanel 于 1913 年在法国巴黎创立的品牌，至今已有百余年历史。Chanel 时装永远有着高雅、简洁、精美的风格。图 1-9、图 1-10 所示两款大衣是 Chanel 在 2022 年推出的款式，这两款大衣虽廓型不同，但面料都采用了肉粉色粗纺呢，极好地衬托了女性的柔美高雅。

（3）Gucci（古驰）。

Gucci 是意大利的时装奢侈品品牌，由 Guccio Gucci 于 1921 年在意大利佛罗伦萨创办。Gucci 代表永恒而经典，深受人们的青睐，品牌灵感源自演员、名媛等。图 1-11、图 1-12 所示两款大衣是 Gucci 在 2021 年推出的款式。

图 1-9

图 1-10

【本页彩图】

图 1-11

图 1-12

（4）Fendi（芬迪）。

Fendi 是意大利奢侈品品牌，由 Adele 和 Edoardo Fendi 于 1925 年在意大利罗马创立。

图 1-13、图 1-14 所示的两款大衣是 Fendi 在 2022 年推出的成衣，其中，图 1-13 所示这款为皮毛一体面料，结构简洁明快，右开衩处烫压出 FENDI 标志，显示出精致高贵；图 1-14 所示这款腰间不经意间出现的"FF"LOGO 与淡雅的色调勾勒出内敛优雅的造型。

【本页彩图】

图 1-13

图 1-14

（5）Christian Dior（克里斯汀·迪奥）。

Christian Dior，简称 CD，象征着法国时装文化的最高精神，是绚丽的高级女装代名词。它选用高档上乘的面料表现出光彩夺目的华丽与高雅，始终备受时装界关注。图 1-15、图 1-16 所示是 Dior 在 2021 年推出的大衣款式，继承了法国高级女装的传统，保持高级华丽的设计路线，做工精细，迎合了上流社会成熟女性的审美品位。

图 1-15

图 1-16

（6）Max Mara（麦丝玛拉）。

Max Mara 是意大利品牌，创立于 1951 年，推出的第一个时装系列是一件驼色大衣。尤其是它在 1981 年推出的"101801 大衣",堪称经典中的经典。Max Mara 造就了同一款大衣,25 年中卖出超过 13.5 万件。图 1-17、图 1-18 所示大衣是 Max Mara 在 2022 年推出的款式。

【本页彩图】

图 1-17

图 1-18

（7）Moschino（莫斯基诺）。

Moschino 是意大利时尚品牌,创立于 1983 年,产品一向以设计怪诞著称,风格高贵迷人、时尚幽默、俏皮。图 1-19、图 1-20 所示大衣是 Moschino 在 2023 年推出的男、女大衣款式,面料以拼布方式在同色系中不断变换色块的搭配,营造出了"乞丐风"的时尚,整体效果怪诞而不失精致、粗犷而不失细节。

图 1-19

图 1-20

三、大衣的分类

1. 按衣身长度划分

大衣按衣身长度分类，可分为长、中、短 3 种。长度至膝盖以下，约占人体总高度 5/8+7cm 为长大衣；长度至膝盖或膝盖略上，约占人体总高度 1/2+10cm 为中长大衣；长度至臀围或臀围略下，约占人体总高度 1/2 为短大衣。大衣长度图解如图 1-21 所示。

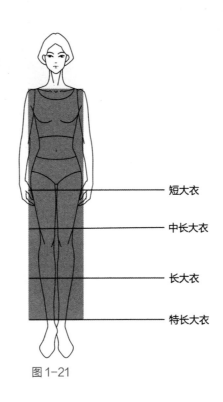

短大衣

中长大衣

长大衣

特长大衣

图 1-21

2. 按大衣面料划分

大衣使用的面料很多，有用厚型呢料裁制的呢大衣；用动物毛皮裁制的裘皮大衣；用棉布作面、里料，中间夹絮棉的棉大衣；用皮革裁制的皮革大衣；用贡呢、马裤呢、巧克丁、华达呢等面料裁制的春秋大衣；在两层面料中间夹絮羽绒的羽绒大衣；还有圈圈羊毛呢大衣（这是一款高品质羊绒毛呢面料大衣，有丝滑般的触感）。大衣应选择厚实、暖和、挺阔、不易起皱、下垂感较好的面料，这样可以免去经常熨烫的烦恼，并可以保持较好的体量感和悬垂感。

3. 按用途功能划分

大衣按用途功能划分，可分为礼仪活动穿着的礼服大衣，防御风寒的连帽风雪大衣，兼具御寒、防雨作用的两用大衣等。

4. 按轮廓造型划分

大衣根据外轮廓的变化，可分为 H 型（筒型）（图 1-22）、X 型（束腰型）（图 1-23）、
A 型（图 1-24）、梯型（图 1-25）、倒梯型（图 1-26）、漏斗型（图 1-27）、酒杯型
（图 1-28）、斗篷型（图 1-29）等。

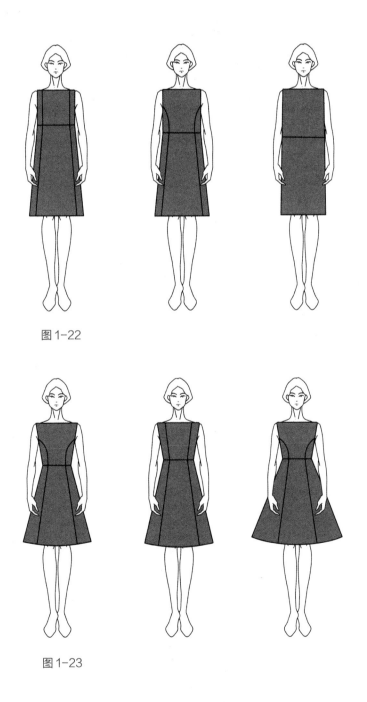

图 1-22

图 1-23

图 1-24   图 1-25   图 1-26

图 1-27   图 1-28   图 1-29

四、决定大衣造型变化的主要部位

大衣造型离不开人体的基本体型，因此大衣外轮廓的变化不是盲目、随心所欲的，而是依照人体的形态结构进行新颖大胆、优美适体的设计。大衣的廓型设计离不开支撑衣服的肩部、腰部、底边线和围度等因素。

1. 肩部

肩部是大衣设计中限制较多的部位，变化的幅度远不如腰部和底边线自如。大衣设计时的肩部处理无论是平肩（图 1-30）还是耸肩（图 1-31），基本上都是依附肩部的形态略作变化而产生新的效果。

【本页彩图】

图1-30　　　　　　　　　　　　　　　图1-31

2. 腰部

腰部是大衣造型中举足轻重的部位，变化极为丰富。腰部的形态变化大致有以下两种形式。

（1）束腰与松腰。服装设计师把腰部设计归纳为 X 型和 H 型。X 型即束腰型（图 1-32），腰部紧束，能显示女性的窈窕身材，展现轻柔、纤细之美。H 型即松腰型（图 1-33），腰部不束，呈自由宽松形态，具有简洁、庄重之美。束腰与松腰这两种形态常交替变化，20 世纪两者就经历过循环出现的变化过程，而每一次变化都给当时的服装界带来新鲜感。

图1-32　　　　　　　　　　　　　　　图1-33

（2）腰节线的高低。根据腰节线高度的不同变化，大衣可分为高腰式（图1-34）、中腰式、低腰式（图1-35）等。大衣上、下部分长度比例的差别，可使大衣呈现不同的形态与风格。从服装的发展史来看，腰节线的高低变化也具有一定的规律性。

【本页彩图】

图1-34

图1-35

3. 底边线

大衣底边线的长与短，直接影响到大衣外形的直观比例和展现的时代精神。底边线除了在长度上有所变化，在形态上也变化丰富，如普通的直线形底边、曲线形底边、非对称式底边等。底边线的变化能使大衣外形呈现多种风格与形状（图1-36、图1-37）。

图1-36

图1-37

4. 围度

大衣围度的大小对大衣廓型影响最大。一般来说，围度大小应考虑适合于下肢运动的功能需要，但有时为了装饰需要或迎合某种时尚潮流，也常进行夸张的设计。大衣的围度基本上随着里面穿着服装的围度变化而发生变化。

五、大衣常见领型与袖型设计

1. 领子造型

服装的领型是最富于变化的一个部件，由于领子的形状、大小、高低、翻折线等不同，可以形成各具特色的服装款式，有时甚至能引导一种流行时尚。根据领型结构的不同，可将其归纳为以下 4 种类型。

（1）立领。立领是一种没有翻领面只有领座的领型。立领造型可分为 3 种形式：第一种是竖直式立领（图 1-38），领座紧贴颈部周围；第二种是倾斜式立领（图 1-39），领座与颈部有一定倾斜距离，比竖直式立领稍宽松，也可采用与衣片连裁的式样，造型简练别致；第三种是卷领，这是一种使人感觉柔和的立领，它将布料斜裁，形成流畅、松软的领子造型。

图 1-38

图 1-39

（2）翻折领。翻折领有衬衫领、小翻领等，可分为无领座（图 1-40）、有领座（图 1-41）和有后领座 3 种形式。翻折领的前领角是款式变化的重点，可以设计成尖角形、方形、椭圆形、抹角形等。一些形状奇特的翻折领如大翻领或波浪领等，则主要根据领子轮廓线的造型变化而变化。

（3）平领。平领（图 1-42、图 1-43）是平展贴肩的领型，一般领座不高于 1cm。

图 1-40

图 1-41

图 1-42

图 1-43

（4）驳领。驳领是前门襟呈"V"字形的领型，是由领座、翻领和驳头 3 个部分组成的，如常见的西服领（图 1-44）、青果领（图 1-45）等。

图 1-44

图 1-45

2.袖子造型

袖型的分类方法较多，一般按袖片的数目多少可分为单片袖（图1–46）、两片袖（图1–47）和多片袖（图1–48）等；按袖子装接方法不同可分为插肩袖（图1–49）、蝙蝠袖（图1–50）和连肩袖（图1–51）。

图1–46　　　　　　　　　　图1–47　　　　　　　　　　图1–48

图1–49　　　　　　　　　　图1–50　　　　　　　　　　图1–51

第二节　大衣结构设计课程的教学目的与教学任务

一、大衣结构设计课程的教学目的

1.教学目的之一

通过理论教学和实践操作的基本训练，使学生能够系统地掌握大衣的构成原理。应重点掌握以下4点内容。

（1）熟悉人体体型特征部位与服装结构中点、线、面的关系；性别、年龄、体型的差异与服装结构的关系；成衣规格的制定方法和表现形式。

（2）理解服装结构与人体曲面的关系，掌握服装适合人体曲面的各种结构处理方法；把握相关结构线的吻合及整体结构的平衡；掌握服装细部与整体之间形态、数量的匹配关系。

（3）掌握基础纸样的构成方法，应用服装原型进行大衣结构制板；经过反复实践，把握好内结构线与外轮廓线相辅相成的关系。

（4）培养学生分析服装效果图的结构组成、部件与整体的结构关系、各部位比例关系，以及具体部位规格尺寸的综合分析能力，使其具有从款式造型到纸样结构全面的服装设计能力。

2. 教学目的之二

了解大衣结构设计课程是服装结构实践课程的重要组成部分。

（1）大衣结构设计课程是高等院校服装专业的专业理论课之一，也是较全面提高学生实践能力的比较有难度的服装课程。实践过程中，学生需要研究大衣的立体形态与平面构成之间的对应关系、装饰性与功能性的优化组合，以及结构的分解与构成规律。

（2）大衣结构设计的理论研究和实践操作是整体服装结构设计的重要组成部分，知识范畴涉及服装材料学、流行学、数理统计学、服装人体功能学、服装图形学、服装 CAD、人体测量学、服装造型学、产品企划学、服装生产工艺学、服装卫生学等，是一门艺术和技术相互融合、理论和实践密切结合，且偏重实践操作的课程。

二、大衣结构设计课程的教学任务

1. 熟练运用服装原型进行制板

指导学生通过反复实践，掌握原型制图方法，分析原型的构成原理、变化运用，解析服装造型的构成元素及各元素的构成原因，用立体思维分析方法，基于人体体型，进行款式造型的平面结构设计。

2. 制定大衣结构设计制图的基本流程

（1）确定大衣款式、进行款式分析。

（2）进行大衣规格设计，确定细部尺寸。

（3）选择原型（或者基础纸样）。

（4）进行大衣结构设计、纸样绘图。

（5）根据纸样对坯布样衣进行补正、并修正纸样。

（6）根据修正纸样对面料样式试样进行补正、再次纸样修正。

（7）样衣造型、样衣纸样的确认。

（8）根据系列规格的纸样推挡。

第三节　大衣常用面料、辅料与用料计算方法

一、大衣常用的面料

1.冬季大衣面料

冬季大衣常用面料有羊绒、法兰绒、麦尔登呢、人字呢、烤花呢、雪花呢、骆驼呢、仿毛皮等，总之是织物织纹较密或比较厚重、保暖的面料。

2.春秋两季兼用的大衣面料

春秋季大衣常用面料有直贡呢、条绒布、柞丝绸（厚）、格呢、中厚花大呢、提花织物、涂层呢绒绸等。

3.纯毛呢绒与化纤呢绒的区别

纯毛呢绒和化纤呢绒外观上有较明显区别：纯毛呢绒的色泽柔和发亮，而化纤呢绒的色泽较暗；纯毛呢绒的手感柔软，而化纤呢绒的手感硬挺不柔和；纯毛呢绒弹性好，恢复性好，而化纤呢绒在抓紧后放松有明显的折皱痕。

4.选择呢绒面料的方法

（1）看外观。一般质地优良的呢绒面料柔软光洁，有光滑油润的感觉，在日光或较强灯光下照看，呢绒面料表面疙瘩越少越好，色泽要均匀，光彩要柔和，表面要平坦。对于哔叽、花呢、凡立丁、华达呢等精纺呢绒，呢面应平整光洁，织纹清晰整齐。

（2）触摸。不论哪种呢绒面料，在触摸时都应有柔软、光滑而富有油润的手感，抓紧一把放开，织物应立即弹开恢复原状，或稍有折皱而能逐渐自行平复。用双手稍揉搓，呢绒表面不应起毛，织物短纤维脱落越少越好。对于驼绒、长毛绒等起毛呢绒面料，则要求绒头挺立平整，用手拂动不掉毛，不能有露底、秃绒、斑痕或绒头高低不平、疏密不匀等现象。

5.部分呢绒面料的特点

（1）华达呢。华达呢是精纺呢绒的重要品种之一。风格特点：呢面光洁平整，不起毛，纹路清晰挺直，纱线条理均匀，手感滑糯，丰满活络，身骨弹性好，坚固耐磨。光泽自然柔和，显得较为庄严。

（2）哔叽。哔叽是精纺呢绒的传统品种。风格特点：色光柔和，手感丰厚，身骨弹性好，坚牢耐穿。

（3）花呢。花呢是精纺呢绒中品种花色最多、组织最丰富的产品。对于花呢，利用各种精梳的彩色纱线、花色捻线、嵌线做经纬纱，并运用平纹、斜纹、变斜或经二重等组织的变化和组合，能使呢面呈现各种条、格、小提花及颜色隐条效果。如按重量划分，花呢可分薄型花呢、中厚型花呢、厚型花呢3种。

① 薄型花呢。织物重量一般在 285g/m² 以下，常用平纹织造。特点是手感滑糯轻薄，身骨弹性好，花型美观大方，颜色艳而不俗，气质高雅。

② 中厚型花呢。织物重量一般在 285～434g/m²，有光面和毛面之分。特点是呢面光泽自然柔和，色泽丰富，鲜艳纯正，手感光滑丰厚，身骨活络有弹性，适于制作西装、套装。

③ 厚型花呢。织物重量一般在 434g/m³ 以上，有素色厚花呢，也有混色厚花呢等。特点是质地结实丰厚，身骨弹性好，呢面清晰，适于制作秋冬季各种大衣。

（4）凡立丁。凡立丁又名薄毛呢。风格特点：呢面经直纬平，色泽鲜艳匀净，光泽自然柔和，手感滑挺，活络富有弹性，具有抗皱性，纱线条干均匀，透气性能好，适于制作各类秋冬季套装。

（5）贡丝绵、驼丝绵。贡丝绵、驼丝绵是理想的高档职业装面料，风格特点：呢面光洁细腻，手感滑挺，光泽自然柔和，结构紧密无毛羽。

（6）板司呢。板司呢是精纺毛织物中最具立体效果的职业装面料之一。风格特点：呢面光洁平整，织纹清晰，悬垂性好，滑糯有弹性。精纺毛织品还包括派力司、哈呋呢、马裤呢、麦尔登、法兰绒、大衣呢、女式呢等，都是大衣材质的合适选择。

二、大衣常用的面料图示

大衣常用的面料如图 1-52～图 1-91 所示。

【大衣常用的面料彩图】

【其他的大衣常用面料】

图 1-52　全毛凡立丁

图 1-53　哔叽

图 1-54　涤毛舍味呢

图 1-55　纯毛女士呢

图1-56　驼丝锦

图1-57　开司米

图1-58　纯毛西服呢

图1-59　直贡呢

图1-60　纯毛麦斯林

图1-61　纯毛毛府绸

图1-62　缩绒哔叽

图1-63　波拉呢

图1-64 纯毛薄型织物

图1-65 花式双面华达呢

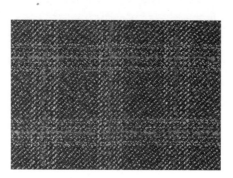

图1-66 粗花呢

图1-67 格花呢

图1-68 麦尔登呢

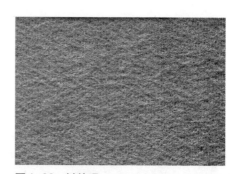

图1-69 皱纹呢

图1-70 海力斯粗花呢

图1-71 纯毛格花呢

图 1-72　苔绒格呢

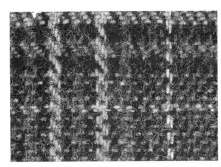

图 1-73　混纺粗格呢

图 1-74　多纳加呢

图 1-75　格伦方格呢

图 1-76　克尔赛呢

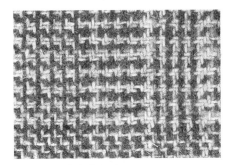

图 1-77　海力蒙粗呢

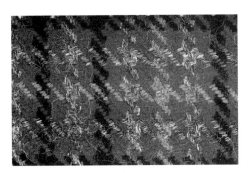

图 1-78　千鸟格

图 1-79　法兰绒

图1-80　苔毛织物

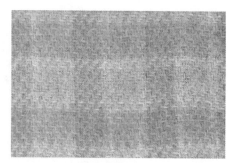

图1-81　鼓花缎粗格呢

图1-82　混纺格呢

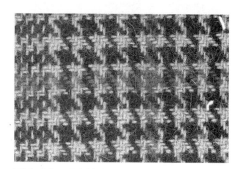

图1-83　千鸟格呢

图1-84　弹力朱罗纱呢

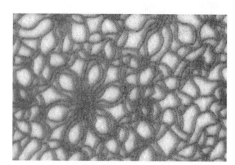

图1-85　盘花绣混纺呢

图1-86　混纺双层织物

图1-87　羊绒织物

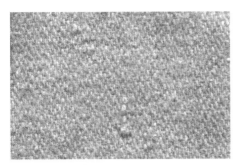

图1-88　毛结粗纺呢

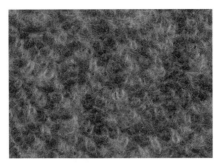

图1-89　珠绒花式大衣呢

图1-90　珠绒花式大衣呢

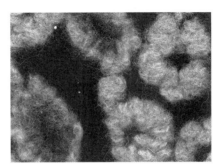

图1-91　大提花呢

三、大衣制作中常用的里料

里料是相对于面料而言的，也是用来制作服装的材料。服装里料对服饰的体感舒适性起到了重要的作用。因人们个性化的需求，服装的里料五花八门、日新月异。但是，从总体上来讲，优质、高档的里料，大都具有穿着舒适、吸汗透气、悬垂挺括、视觉高贵、触觉柔美等特点。

1. 里料的主要作用

（1）使服装穿脱滑爽方便，穿着舒适。

（2）减少面料与内衣之间的摩擦，起到保护面料的作用。

（3）增加服装的厚度，起到保暖的作用。

（4）使服装平整、挺括。

（5）提高服装档次。

（6）对于有絮料服装来说，作为絮料的夹里，可以防止絮料外露；作为皮衣的夹里，能够使毛皮不被沾污，保持毛皮的整洁。

2. 里料的选择标准与方法

（1）里料的性能应与面料的性能相适应。这里的性能是指缩水率、耐热性能、耐洗涤、强度及厚薄重轻等。

（2）按照穿用的目的和面料的材质、厚度、织造方法来选择，一般以轻薄、光滑、结实、不透出衬和缝头的里料为好。为了保持大衣的造型，有的面料需要有一定的厚度且挺实的里料。

（3）里料的颜色一般要同面料顺色，比面料稍深一些，有时也特意选用同面料成对比色的里料，或者选用绒面、条纹、格子的里料。

3. 里料的分类及特点

（1）里料的分类。服装里料的种类较多，分类方法也不同，这里主要介绍以下两种分类方法。

① 按加工工艺分类。

活里：由某种紧固件连接在服装的贴边上，便于拆脱洗涤。

死里：固定缝制在服装上，不能拆脱。

② 按使用原料分类。

棉布类：如市布、粗布、条格布等。

丝绸类：如塔夫绸、花软缎、电力纺等。

化纤类：如美丽绸、涤纶塔夫绸等。

混纺交织类：如羽纱、棉/涤混纺里布等。

毛皮及毛织品类：如各种毛皮及毛织物等。

（2）里料的特点。由于组成原料的差异，里料具有不同的性能特点。

① 棉布类里料。棉布里料具有较好的吸湿性、透气性和保暖性，穿着舒适，不易产生静电，强度适中；不足之处是弹性较差，不够光滑，多用于童装、夹克衫等休闲类服装。

② 丝绸类里料。真丝里料具有很好的吸湿性、透气性，质感轻盈、美观光滑，不易产生静电，穿着舒适；不足之处是强度偏低、质地不够坚牢、经纬纱易脱落，且加工缝制较困难，多用于裘皮服装、纯毛服装及真丝等高档服装。

③ 化纤类里料。化纤里料一般强度较高，结实耐磨，抗皱性能较好，具有较好的稳定性、耐霉蛀等特点；不足之处是易产生静电，服用舒适性较差，由于其价廉而广泛应用于各式中低档服装。

④ 混纺交织类里料。这类里料的性能综合了天然纤维里料与化纤里料的特点，服用性能有所提高，适合于中高档服装。

⑤ 毛皮及毛织品类里料。这类里料最大的特点是保暖性极好，穿着舒适，多用于冬季及皮革服装。

四、大衣制作中常用的黏合衬

黏合衬是一种涂有热熔胶的衬里，是服装制作经常用到的辅料之一。黏合衬经过加温熨压附着在布料的背面，当布料需要挺括、保证一定厚度时，可以通过添加黏合衬加以体现；或者布料太过柔软滑溜难以操作时，添加黏合衬可以使布料变得乖顺听话。

黏合衬可分为无纺黏合衬、布质黏合衬、双面黏合衬 3 种。

1. 无纺黏合衬

无纺黏合衬以非织造布（无纺布）（图 1-92）为底布，相对布质黏合衬在价格上比较占优势，但质量无疑略逊一筹。无纺黏合衬多适用在服装边边角角的位置，如开袋、锁扣眼等。无纺黏合衬也有厚、薄之分，厚度会直接体现在所使用的位置，可根据需要来选择。

【本页彩图】

图 1-92

2. 布质黏合衬

布质黏合衬以针织布或者机织布（图 1-93）为底布，最常用的是机织布。布质黏合衬常用于服装主体或关键位置，如衣前片、挂面、领子、袖口等处。布质黏合衬同样有软硬之分，需要酌情挑选。

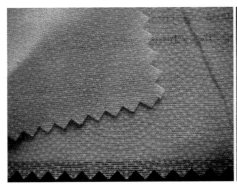

图 1-93

3. 双面黏合衬

常见的双面黏合衬薄如蝉翼（图 1-94），与其说是衬，不如说是胶更合适一些。通常用它来粘连固定两片布料，如在贴布时可用它将贴布粘在背景布上，操作十分方便。市场上还有整卷网状的双面黏合衬，这种黏合衬在折边或者滚边时十分有用。

【本页彩图】

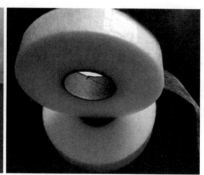

图 1-94

五、大衣所用面料、里料和黏合衬的估算方法

1. 一件大衣所用面料的估算

（1）单排纽扣大衣。

① 无领或小领，幅宽为 150cm，可采用以下计算方法：[衣长 +（10～15）cm（边和肩的缝份）]×2，如（衣长 100cm+10cm）×2=220cm。

② 如衣领较大，并采用贴袋，可用以下计算方法：[衣长 +（20～25）cm（边和肩的缝份）]×2，如（衣长 100cm+20cm）×2=240cm。

（2）双排纽扣大衣。

如领子造型较大，幅宽为 150cm，可在估算公式上再加上袖子长度和（10～15）cm 的缝份。

[衣长 +（10～15）cm（边和肩的缝份）]×2+ 袖长 +（10～15）cm，如（衣长 100cm+10）×2+（袖长 57cm+10）=287cm（如有特殊的大贴袋，还要根据贴袋的大小适当增加米数）。

（3）90cm 的单幅面料计算公式为。

（衣长 +10cm）×2+（袖长 +10cm）×2+ 领子用料，如（100cm+10cm）×2+（57cm+10cm）+30cm=317cm。

以上公式遇到有倒顺毛、格子的面料就要多买些面料，格子要多加 2 个。如有特殊设计，面料的估算方法还要有所变化。

2. 一件大衣所用里料和黏合衬的估算

里料（幅宽 130～150cm）：衣长 + 袖长 +10cm。

黏合衬（90～100cm）：衣长 +（10～15）cm。

【思考与实践】

（1）梳理大衣的起源与发展，了解当下大衣的流行趋势。

（2）调研国内外一线服装品牌中具有代表性的大衣经典款式。

（3）学习并锻炼对面料的辨识能力，观察各种大衣款式适合的对应面料。

（4）练习并掌握不同大衣款式面料用量的计算方法。

（5）明确本课程的教学目的与任务，做好下一步课程学习的准备。

第二章
大衣结构制图原理与制图基础

【教学目标和要求】

目标：熟练掌握文化式新女装原型的制图步骤，以及文化式男装原型的绘制方法。

要求：学习文化式原型制图方法，了解运用文化式原型进行平面制图的优势。

【本章重点和难点】

重点：原型制图的步骤顺序、方式方法。

难点：对原型基础线绘制的理解，以及对人体测量方式的熟练掌握。

人体是多种曲面的集合体，用平面的材料通过各种方法组合成曲面去符合人体，可达到贴体、舒适、美观的目的。平面的几何形状则是原型的基本构成形式。

第一节　文化式服装原型介绍

一、文化式服装原型制图概述

1. 服装原型是服装平面制图的基础

原型制图是以人体的净尺寸数值为依据，将三维人体平面展开后加入基本放松量制成服装基本纸样，然后以此为基础进行各种的服装款式设计。根据款式造型的需要，可在某些部位做收省、褶裥、分割、拼接等处理，按季节和穿着的需要增减放松量等。服装原型只是服装平面制图的基础，不是正式的服装裁剪图。

2. 原型的形成是从平面转化为立体的思维过程

原型是人体的基本型，是理想化的图形，它的形成经过了从立体到平面，再从平面到立体的实践过程。它是在测量了许多人体部位的数值，并对数据经过科学分析和数理统计等方法后才确定的较为合理、具有代表性的量值，最后依据其量值设计一个标准化、理想化的图形。原型是进行服装款式造型设计的基本途径与手段。

由于原型反映了人体外观的基本形状，因此应用原型进行制图，能够确保服装与人体的吻合。服装原型是承载服装变化基本功能的服装基本纸样，应用原型制图能够最大限度地进行款式变化，为服装设计师进行创造性设计、研究服装结构、将效果图准确地转化为服装裁剪图提供了可靠、灵活的裁剪制图方法。

二、文化式服装原型的应用范围

目前，服装原型不止文化式服装原型一种，还有登丽美式原型、东华式原型等。在本书中，我们选用文化式服装原型作为大衣结构设计的制图基础。

文化式服装原型的特点是使用面广泛，适用性强，无论何种体型，只要胸围相同均可以使用同一规格的原型。而同一个人的内衣乃至外套大衣也仍可以使用同一规格的原型，只要根据相应款式的要求调整人体与服装之间的空间量和廓型即可，但是这两方面又恰恰是较难掌握的服装造型问题，所以需要在实践中摸索和总结。

由于地理相邻、人体体型相近、文化相近等原因，日本文化式原型在中国得到广泛的运用。因此，日本文化式原型的每次变化都值得我们密切注意，掌握其发展变化的新趋势，并在实践应用中加以借鉴，有助于提高我们制衣行业样板设计的能力。日本文化服装学院的新文化式原型，跟以往的原型相比，尤其是与目前国内仍在使用的第七代原型相比，有了显著的变化。了解其新的特点，对服装结构设计具有重要意义。

本书将着重介绍运用新原型（第八代）进行大衣结构设计的方法，同时也会介绍几款运用第七代原型进行大衣结构设计的方法。

第二节　文化式女装原型制图

一、文化式女装新原型（第八代）

步骤一，在图 2-1 中，①～⑮ 为衣身原型基础线的制图顺序。

步骤二，绘制原型轮廓线。按照图 2-2 中所示，分别绘制出前、后领弧线，前、后肩斜线，胸省大小和位置。再连接袖窿弧线，形成完整的原型轮廓线。

步骤三，按照图 2-3 中所示位置确定腰省，收省后腰围量 = 前、后身宽 − (W/2+3)。

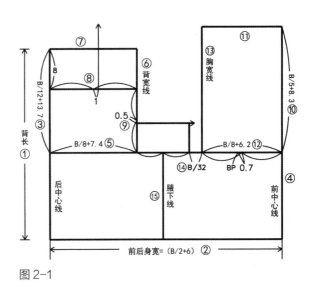

图 2-1

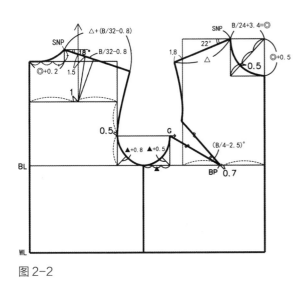

图 2-2

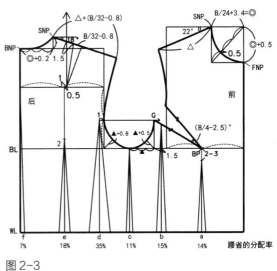

图 2-3

二、文化式女装原型（第七代）

步骤一，绘制原型辅助线。按照图 2-4 中①～⑧次序画出制图基础线。

步骤二，按照图 2-5 中①～⑧次序画出轮廓线辅助点。

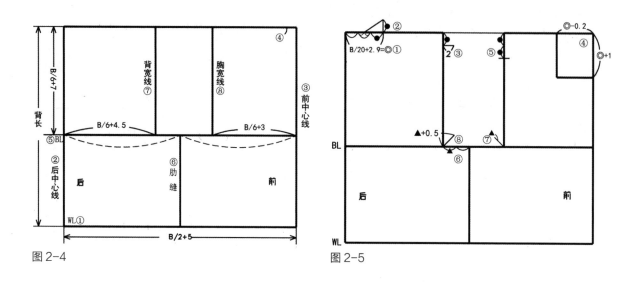

图 2-4   图 2-5

步骤三，按照图 2-6 中所示，分别连接前、后领弧线，前、后肩斜线，袖窿弧线，肋缝线，底边线。形成完整的原型轮廓线。

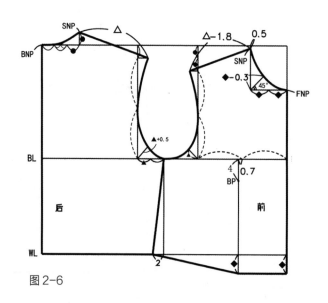

图 2-6

三、文化式新原型与旧原型比较

（1）在制图过程中可以明显看出，第七代原型比较简单，而第八代原型比较复杂，但两代原型制图所需要的尺寸是相同的，都只有两个尺寸，即胸围尺寸和背长尺寸。

（2）第八代原型增加了省道设计，而且将省道划分得很细，位置分配也很合理，还依其位置的不同设计了不同的省道量，更加明显地突出了女性的体型，也提高了服装的造型功能。可以说，第八代原型是经过加工的原型，更接近实用。而第七代原型，仅仅提供了一个操作的平台，所有设计都需要重新进行，虽然适用面广，但使用起来并不方便。

（3）第八代原型的前、后腰节线处于同一水平线上，而不像第七代原型，前、后衣片的腰节线错开了一定的量。第八代原型将胸凸量在胸围线以上的部分处理掉了，而第七代原型则是将其置于胸围线以下的部位。正是由于胸凸量处理方法不同，使得两者的使用性能发生了较大的变化。用过第七代原型的人都深有体会，那就是胸凸量的处理比较麻烦，需要同时考虑腰节线，以及和袖窿深互相配合的问题。而第八代原型在单独考虑胸凸量的处理，如非造型设计时，不会牵涉腰节线与袖窿深，应用起来更加方便了。

（4）第八代原型的定寸用得比较多，如前、后肩斜采用了固定的角度，使得肩斜的变化不受其他尺寸变化的影响。从人体结构的角度来说，这是合理的，因为正常人体的体型，除了肩宽不同，肩斜的角度大致是相同的。至于特殊的肩型，可在原型基础上进行补正。而第七代原型将肩斜与胸围尺寸相挂钩，从同一体型不同号型的角度考虑，人体的胸围与肩斜之间存在固定的比例关系。但对不同体型来说，这一比例关系是不相同的，特别是同一个人在发生胖瘦变化时，胸围的改变是明显的，而肩斜是不会改变的。这就说明将肩斜与胸围联系在一起是不合理的。定寸用得较多的另一个体现是，在根据胸围来推算其他尺寸时，在公式中增大了定寸的值，相应地缩小了比例系数。

第三节　文化式男装原型制图

一、衣身原型制图

步骤一，按照图 2-7 中所示绘制男装原型基础线和辅助线。

步骤二，绘制男装原型轮廓线。按照图 2-8 中所示，分别绘制前、后领弧线，前、后肩斜线，袖窿弧线，肋缝线，底边线。形成完整的原型轮廓线。

步骤三，按照图 2-9 中所示，整理好男装原型轮廓线及对位记号。

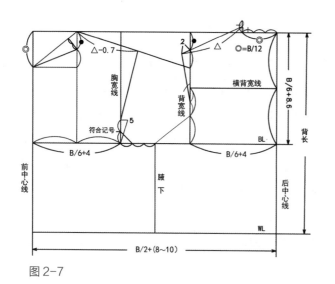

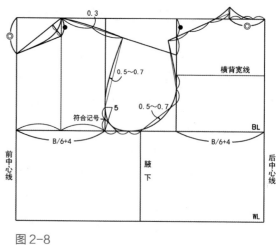

图 2-7

图 2-8

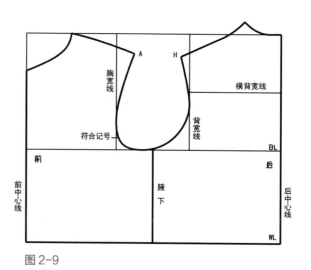

图 2-9

二、袖子原型制图

量取 AH 长度（袖窿弧线长度），步骤如下所列。

步骤一，绘制辅助线（图 2-10）。

步骤二，绘制大袖片轮廓线（图 2-11）。

步骤三，绘制小袖片轮廓线（图 2-12）。

步骤四，整理、标注记号点（图 2-13）。

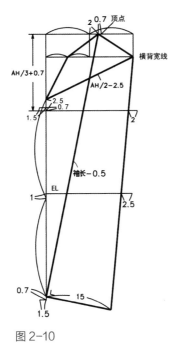

图 2-10

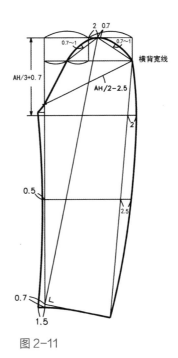

图 2-11

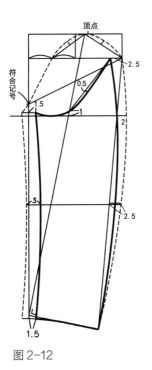

图 2-12

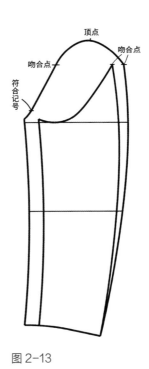

图 2-13

三、男装袖子符合记号位置

根据图 2-14 所示袖子的袖山弧线与衣身的袖窿弧线的重叠关系，找到袖窿与袖子上的符合记号点、吻合点。原型肋缝线与小袖片的袖弧线相交点为袖底点。加之袖子制图时确定好的袖顶点，这几点为上袖时的对位记号。

男装袖山弧线上的对位点有顶点、吻合点、符合记号、底点（图 2-15）。

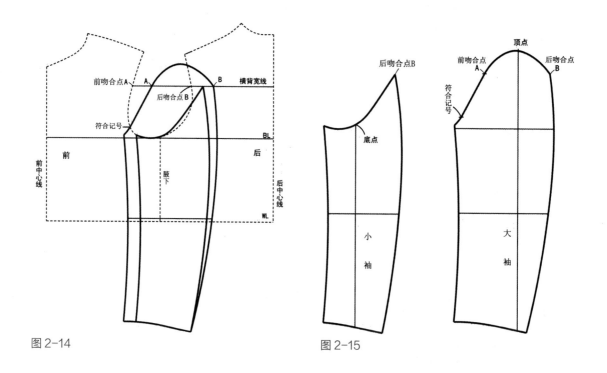

图 2-14   图 2-15

第四节　服装制图符号与量体基础知识

一、服装术语、常用代号与符号

服装术语、常用代号与符号见表 2-1。

表 2-1　服装术语、常用代号与符号

编号	符号图例	符号名称	备注说明
1		细实线	用作纸样设计制图过程中或纸样上的结构基础线、辅助线及尺寸标注线
2		粗实线	表示纸样完成后的外轮廓结构线及内部结构线
3		虚线	用作制图辅助线及纸样完成后的缝纫针迹位置线
4		点画线	表示衣片翻折位置
5		等分符号	表示该线段长度按数量等分
6		等量标记	表示线段长度及同符号的线段长度等长
7	或	丝缕线标记	表示衣片的丝缕方向，衣片排料裁时丝缕线标记与经向不变或丝缕平行
8		斜丝缕标记	表示衣片为斜丝缕排料裁剪
9		拔开标记	表示该部位衣片拔开
10		归拢标记	表示该部位衣片归缩
11		归拢标记	表示该部位衣片归缩
12		缝缩标记、抽褶符号	表示该部位衣片归缩或者抽碎褶
13		衣裥符号	表示该部位折叠衣裥缝制
14		直角符号	表示两边呈直角相交

编号	符号图例	符号名称	备注说明
15		重叠标记	表示呈重叠状态的两衣片
16		等长标记	表示对应的两条衣边相等
17		省道合并符号	表示省道的两边合并
18		衣片相连符号	表示衣片的相连裁剪
19		纽眼标记	表示纽眼的位置和大小
20		纽扣标记	表示纽扣的位置和大小

二、人体测量方法

　　人体体型是服装造型的核心，人体测量是了解和掌握人体体型的必备方法。不同造型的服装与人体体型的关联程度不同，可分为非成型类服装、半成型类服装及成型类服装。服装的成型度越高，和人体体型特征的吻合度就越高，人体测量的部位就越多，服装制作要求也就越高。

　　人体测量的方法根据测量部位特征及测量要求不同而有所区别，常用的方法有三维扫描、马丁仪测量和软尺测量。

　　三维扫描法可以获得人体虚拟体型写真，能够准确提取人体高度、围度、厚度和角度等多项数据。马丁仪可以测量人体高度、厚度和角度等多项数据，精度较高。这两者目前多用于人体体型研究。

　　软尺虽然精确度有限，但由于使用方便、操作简单，仍然是服装行业中最常用的人体测量和服装尺寸测量工具。正确的测量方法是准确测量人体体型的关键，常用的人体部位测量方法见图2-16～图2-19。

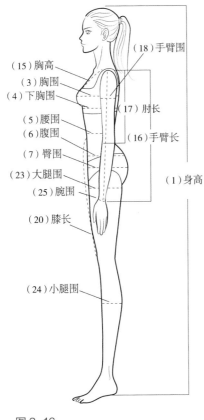

（15）胸高
（3）胸围
（4）下胸围
（5）腰围
（6）腹围
（7）臀围
（23）大腿围
（25）腕围
（20）膝长
（24）小腿围
（18）手臂围
（17）肘长
（16）手臂长
（1）身高

图2-16

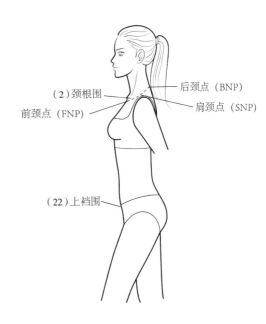

（2）颈根围
后颈点（BNP）
前颈点（FNP）
肩颈点（SNP）
（22）上裆围

图2-17

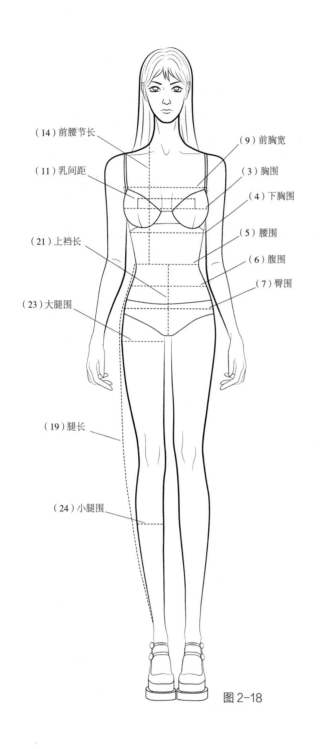

（14）前腰节长

（11）乳间距

（21）上裆长

（23）大腿围

（19）腿长

（24）小腿围

（9）前胸宽

（3）胸围

（4）下胸围

（5）腰围

（6）腹围

（7）臀围

图 2-18

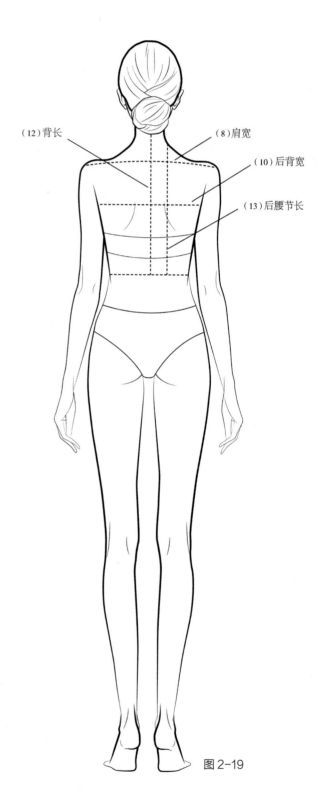

（12）背长

（8）肩宽

（10）后背宽

（13）后腰节长

图 2-19

以下是与图 2-16～图 2-19 中序号对应各部位名称说明。

（1）身高：背面量取头顶到脚后跟地面的高度。

（2）颈根围：通过前颈点（FNP）、肩颈点（SNP）、后颈点（BNP）颈根一周的围度。

（3）胸围：通过乳点（BP 点，也叫胸点）水平一周的围度。

（4）下胸围：通过乳房下缘水平一周的围度。

（5）腰围：腰部最细处水平一周的围度。

（6）腹围：腹部最丰满处水平一周的围度。

（7）臀围：臀部最丰满处水平一周的围度。

（8）肩宽：背面量取从左 SNP 自然通过 BNP 到右 SNP 的长度。

（9）前胸宽：正面量取从左前腋点自然水平到右前腋点的长度。

（10）后背宽：背面量取从左后腋点自然水平到右后腋点的长度。

（11）乳间距：左右 BP 点的间距。

（12）背长：背面量取从 BNP 自然到 WL 的长度。

（13）后腰节长：背面量取从 SNP 自然经过肩胛骨部位到 WL 的长度。

（14）前腰节长：正面量取从 SNP 自然经过胸乳部到 WL 的长度。

（15）胸高：正面量取从 SNP 自然到 BP 的长度。

（16）手臂长：侧面量取从 SNP 自然经过肘部到手腕的长度。

（17）肘长：侧面量取从 SNP 自然到肘部的长度。

（18）手臂围：手臂最丰满处水平一周的围度。

（19）腿长：侧面量取 WL 到脚踝骨点的高度。

（20）膝长：侧面量取 WL 到膝盖中部的高度。

（21）上裆长：正面量取 WL 到大腿根部的高度。

（22）上裆围：从 WL 前中心点自然通过裆部到 WL 后中心点的围度。

（23）大腿围：大腿处最丰满一周的围度。

（24）小腿围：小腿处最丰满一周的围度。

（25）腕围：手腕处围量一周的围度。

【思考与实践】

（1）绘制文化式女装新原型、旧原型各一套（比例 1 ∶ 400）。

（2）绘制文化式男装原型衣身与袖子制图（比例 1 ∶ 400）。

（3）熟记服装制图符号、练习人体测量方法。

实践篇〇

第一部分　女式大衣

在进行女式大衣结构设计时，首先要准确把握大衣的特点，作为外穿的服装，大衣用料比较厚实，并且在制作过程中加黏合衬和里布，所以要注意服装与人体之间放松量的加放。大衣的衣身较长面料较厚，因此对服装结构的要求应该更加考究，肩部的放松量、腰部的收腰量都要分配平衡，做到恰到好处。

大衣的面料多采用毛料，可以充分利用面料可归拔的特性。归拔熨烫的运用可以提高工艺质量，但要根据面料特性设定合适的熨烫归拔量。要注意两片袖、多片袖、连身袖和插肩袖各自的特点及构成要素。同时，插肩袖和连身袖有直身袖和弯袖之分，构成要素及变化特征与装袖有一些共同之处，可以结合理解掌握。微胖人士尽量避免垫肩厚重的大衣款式，身材矮小者尽量避免特长款式的大衣。

第三章
束腰型女式长大衣

【教学目标和要求】

目标：

根据束腰型大衣的特点，重点训练学生对结构设计的掌控能力，使服装的放松量、收腰量、肩宽量、衣身长度及袖身长度的设计恰到好处，能合理安排服装结构裁片的位置，运用专业知识推敲出合理的束腰型大衣的廓型设计。

要求：

（1）通过实践训练掌握毛呢面料的特点，了解面料厚度、下垂度的情况，根据款式需要选购合适的制作面料。

（2）束腰型大衣结构线的设计与曲度的处理需要围绕人体结构进行考虑，使造型较贴服于人体。由于服装的上半身部位与人体的空间量相对较小，在肩部、胸部、腰部、臀部及下摆等关键部位，要处理好人体与服装的空间量。

【本章重点和难点】

重点：结构设计方式方法、线条的绘制方法。

难点：服装与人体的空间量设计，衣身长度、下摆围度尺寸的设计也要恰当合理。

设计师对女性腰部的线条设计从来没有放弃过，任何年代的时装都会有束腰的款型，因为腰部是女性身体最纤细的部位，也是最性感的地方。

束腰型即收腰型，束腰型大衣也可称为 X 型大衣。X 型被称为最显身材的版型，收腰较合身、下摆量尺寸较大，利用收腰的设计让肩部和下摆形成呼应，可以反衬出腰间的纤细。

束腰型大衣分为自然收腰款和加腰带款，前者比较利落，后者通过腰带的设计可以提升搭配层次，丰富细节。束腰型女式大衣的造型可以凸显出优雅婀娜的女性体态，尤其是长款束腰型大衣，在视觉上有增加身高的效果。

第一节　戗驳头双排扣女式长大衣

一、款式分析

戗驳头双排扣女式长大衣见图 3-1。

衣身廓型：X 型，四开身，腰围以上曲面处理，腰部修身设计，下摆围较大。

前衣片：双排扣，刀背型结构线，腰部以下结构线上做插袋，各部位加适当放松量。

后衣片：后中缝收腰，公主型结构线，各部位加适当放松量。

衣领造型：翻驳领，戗驳头设计。

衣袖造型：圆装袖——弯袖、两片袖。

二、面料、里料和辅料

面料：幅宽 150cm，长 290cm。

里料：幅宽 130cm，长 270cm。

厚黏合衬：幅宽 90cm，长 130cm（前身、领子用）。

薄黏合衬：幅宽 90cm，长 60cm（零部件用）。

厚、薄兼用的黏合衬：幅宽 90cm，长 60cm。

黏合牵条：1.2cm 宽斜丝牵条，长 280cm（止口、袖窿用）。

肩垫：厚度 0.7cm，一副。

纽扣：前襟 8 粒，直径 2.5cm。

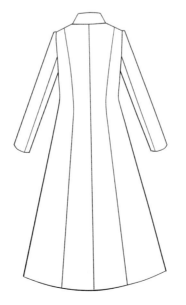

【戗驳头翻领女式长大衣】

图 3-1

三、规格设计与结构设计流程

1. 规格设计

戗驳头双排扣女式长大衣各部位尺寸规格见表 3-1。

表 3-1　戗驳头双排扣女式长大衣各部位尺寸规格

示例规格：160/84A   单位：cm

部　位	净尺寸	成品尺寸	放松量
后衣长（L）（BNP～底边）	102	102	—
胸围（B）	84	100	16
腰围（W）	68	80	12
臀围（H）	92	106	14
胸宽	33	35	2
背宽	35	37	2
肩宽（S）	39	40	1
背长	38	38	—
袖长（SP～腕骨）	53	56	3
袖肥	—	34	—
袖口宽（1/2）	—	13.5	—
前搭门宽	—	9	—
后领面宽	—	5.5	—
后领座宽	—	3.5	—
领口宽	—	5.5	—
袖窿底点～BL	—	1.5	—

2. 结构设计流程

（1）准备新文化式女装新原型。

（2）根据面料的厚度、款式造型进行主要部位放松量的设计。

（3）设计成衣衣长尺寸。

（4）设计成衣胸围放松量。

（5）设计成衣腰围放松量。

（6）设计成衣臀围放松量。

（7）用原型借助方法，进行制图设计。

四、制图步骤与方法

1. 衣身制图

衣身制图见图 3-2。

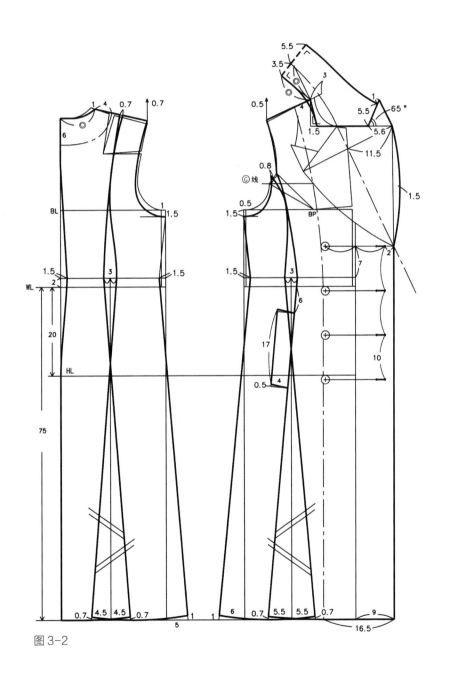

图 3-2

步骤一，原型借助（图 3-3）。

准备文化式女装新原型（参考制图原理女装原型部分）。

① 根据各部位测量值使用原型制图，可依据个体的体型情况对原型补正，以便假缝试穿时少做一些修改。

② 与后中心线垂直交叉画出腰围线，放置后身原型；再留出适当位置，放置前身原型（以便设计胸围放松量及下摆量使用）。省道及 BP 点处做记号，通过 G 点作水平线（为袖子制图做准备）。

③ 后片肩省量 1/3 闭合，剪开袖窿，分散合并的省量，修正肩线、袖窿线。

④ 从前片中心线与胸围线的交点处剪开到 BP 点，按住 BP 点移动剪开部位，在前颈点处与原型形成撇势为 0.7cm，合并胸省。

步骤二，画出基础轮廓线（图 3-4）。

① 底边线：由 WL 线向下量取 75cm，画与 WL 线平行的一条直线。

② 前中心线：在原型前中心线右侧追加 0.7cm，画与原型前中心线平行的一条直线，面料的厚度为 0.7cm。

③ 绘制后领弧线、前领口线。

④ 绘制前、后片肩线。

⑤ 胸围的放松量设计：后片加放松量 1.5cm，前片加放松量 0.5cm。

⑥ 绘制袖窿弧线。

⑦ 新腰围线：WL 线向上取 2cm。

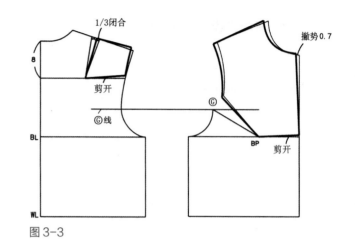

图 3-3

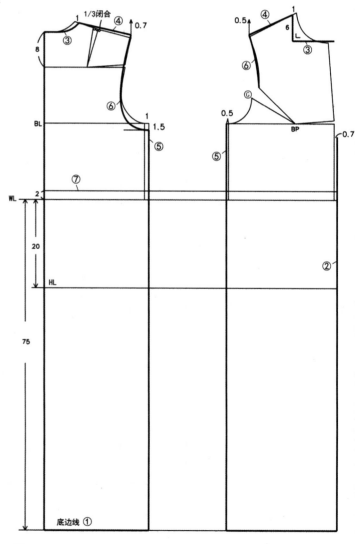

图 3-4

步骤三，画前、后衣身中心片（图 3-5）。

① 后片中心线：在腰围线处向右移 1.5cm，用曲线依次连接后中心线 8cm 点、腰围线 1.5cm 点，以及臀围点。

② 用曲线绘制后中片公主型结构线。

③ 止口线：在前中心线向外量取搭门宽 9cm，并平行画出止口线。

④ 用曲线绘制前中片公主型结构线。

⑤ 绘制底边线。

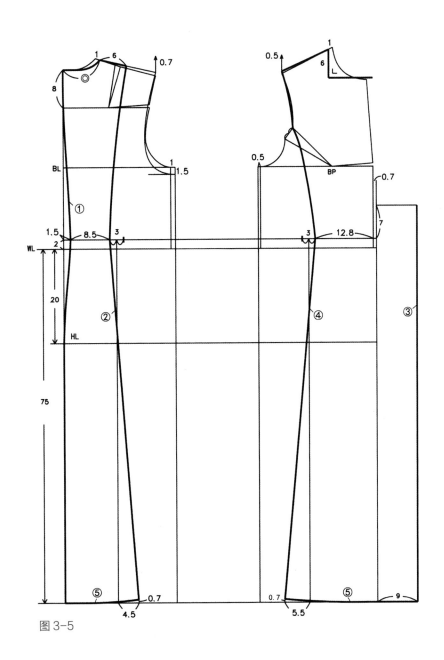

图 3-5

步骤四，画前、后衣身侧片（图 3-6）。

① 绘制后侧片公主型结构线。

② 绘制后衣片侧缝线及袖窿弧线，形成后侧片。

③ 绘制前侧片刀背型结构线。

④ 绘制前衣片侧缝线，形成前侧片。

⑤ 绘制前侧片袖窿弧线。

⑥ 绘制前、后侧片底边线。

⑦ 设计驳口线位置：由前 SNP 点向右 3cm 与翻折点连接驳口线。

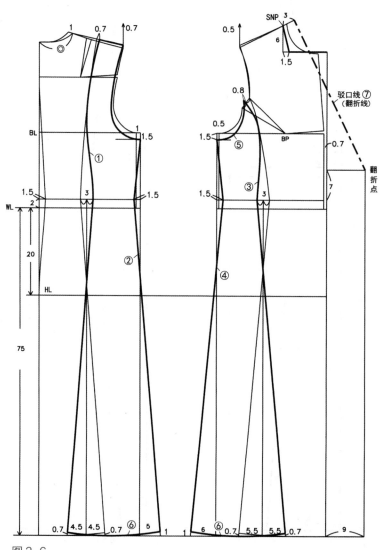

图 3-6

步骤五，画出服装各部件（图 3-7）。

① 确定袋口位置：在前片结构线上沿 WL 线向下量取 6cm 确定袋口位置，量取袋口宽 17cm。

② 确定纽扣位置。

③ 过面：在肩线处取 4cm，在底边处取 16.5cm。

④ 后贴边：从后中心点向下取 6cm。

⑤ 画领子（领子制图参考领子部分）。

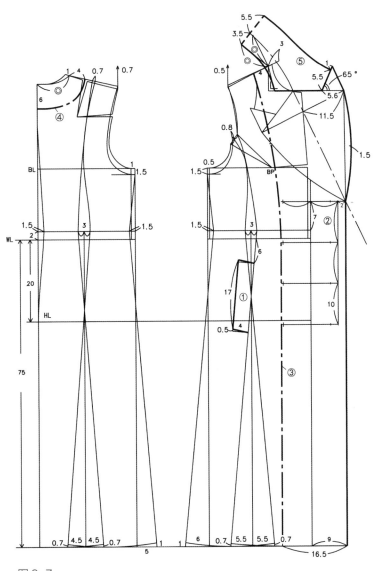

图 3-7

2. 衣身裁片图

衣身裁片图见图 3-8。

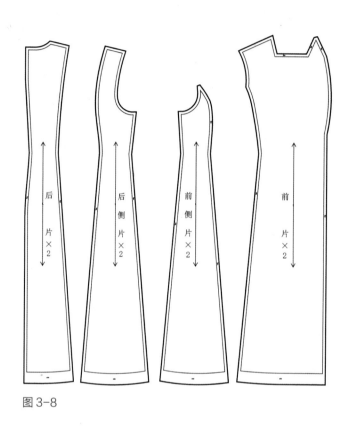

图 3-8

3. 袖子制图

袖子制图见图 3-9。

步骤一，首先测量出 AH 尺寸（前、后衣身的袖窿弧长度），见图 3-10。

① 通过侧缝点画垂直线作为袖山线。

② 通过袖窿底部画出水平线作为袖肥线。

③ 测量前、后袖窿的深度，取其平均值的 5/6 作为袖山的高度。

④ 绘制袖口线。

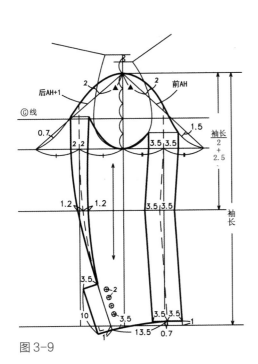

图 3-9

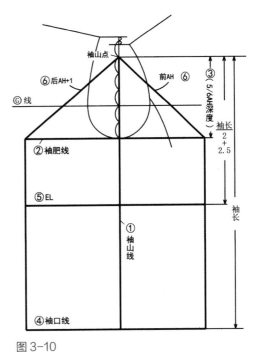

图 3-10

⑤ EL 线：袖长 /2+2.5cm。

⑥ 由袖顶点向袖山线分别量取后 AH+1、前 AH+1，根据袖肥线交点决定袖肥。

步骤二，见图 3-11。

① 以 G 线作为弯曲点的基准，画袖山弧线。

② 将前、后袖肥分别二等分，并画出垂线。

步骤三，见图 3-12。

① 画前偏袖弧线。

② 袖口尺寸：以前偏袖为起点量取 13.5cm 定点，该点为后偏袖弧线的袖口点。

③ 绘制后偏袖弧线。

④ 确定后袖缝开衩 10cm。

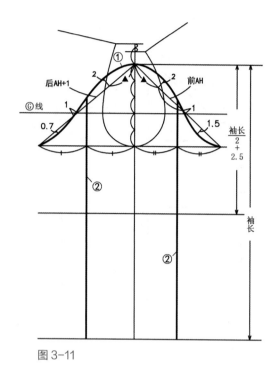

图 3-11

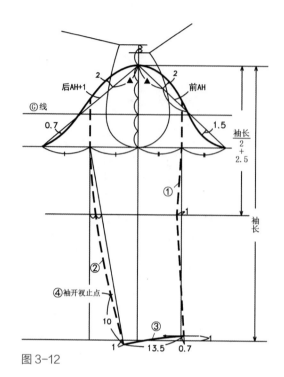

图 3-12

步骤四，见图 3-13。

① 绘制大袖片内、外袖缝。

② 绘制小袖片内、外袖缝。

注：大、小袖片外袖缝在袖开衩点处重合。

4. 袖子裁片图

袖子裁片见图 3-14。

5. 领子制图

领子制图见图 3-15。

步骤一，见图 3-16。

① 原型肩颈点向左移 1cm，为新的 SNP 点，过该点垂直向下取 6cm 定点，过该点作水平线，为串口线。

② 向右延长肩线 3cm，作为前领底宽，与翻折点连线，画出驳口线。

③ 从 SNP 点画出一条线与驳口线平行，在此线上取后领口尺寸（◎），为绱领线。

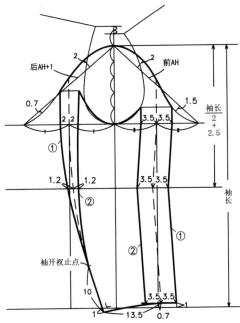

图 3-13

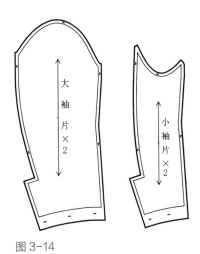

图 3-14

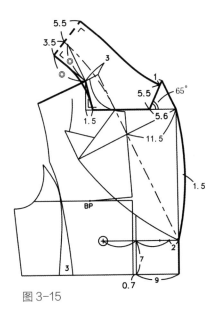

图 3-15

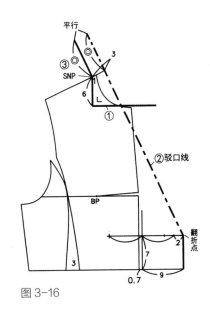

图 3-16

步骤二，见图 3-17。

① 驳头宽：在驳口线与串口线之间截取 11.5cm 驳头宽（在驳口线上，垂直量取 11.5cm，并相交于串口线，此相交点为驳嘴宽端点，由此点与翻折点连接一条辅助线）。

② 倒伏量：将绱领线倒伏 3.8cm，这个量称为放倒尺寸（倒伏量），其可增加领外口长度，使领子服帖于领部到肩部的曲面度。

③ 领口线：前领口领宽线向前中心线移动 1.5cm 定点，过该点与 SNP 点连接。

步骤三，见图 3-18。

① 在倒伏后的绱领线上画垂线，作为领子后中心线，并画出底领宽 3.5cm，翻领宽 5.5cm（可以盖住绱领线）。

② 量出驳嘴宽 5.6cm，并画与水平线成 65° 的直线，取 6.5cm 长。

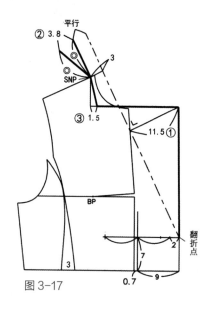

图 3-17

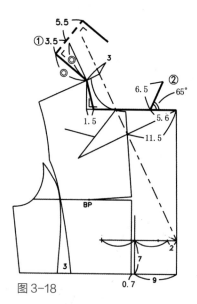

图 3-18

步骤四，见图 3-19。

① 绘制翻领的外领口线。

② 将绱领线和翻领线修正成圆顺的弧线。

③ 衣身驳口弧线：在辅助线基础上向外 1.5cm 画圆顺的弧线。

6. 领子裁片图

领子裁片见图 3-20。

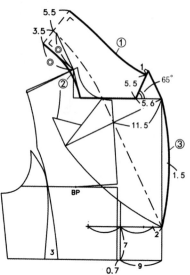

图 3-19

7. 零料裁片图

零料裁片图见图 3-21。

五、紧密排料方法

紧密排料方法见图 3-22。

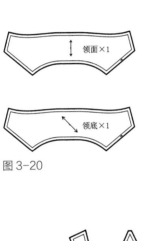

图 3-20

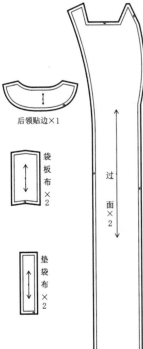

图 3-21

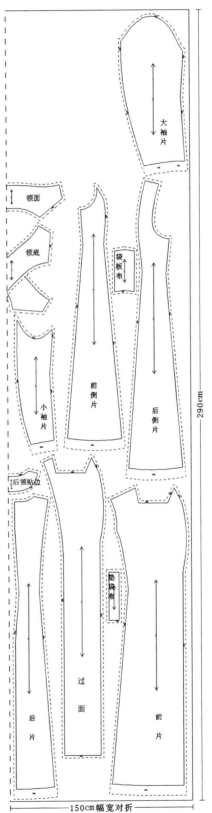

图 3-22

第二节　翻驳领女式长大衣

一、款式分析

翻驳领女式长大衣见图 3-23。

衣身廓型：X 型，四开身构成，腰围以上曲面处理。

前衣片：刀背型结构线收腰，侧缝插袋，门襟暗扣，各部位加适当放松量。

后衣片：后中缝收腰，刀背型结构线收腰，后中缝臀围线下 5cm 处开衩，各部位加适当放松量。

衣领造型：翻驳领。

衣袖造型：圆装袖——两片袖、弯袖。

二、面料、里料和辅料

面料：幅宽 150cm，长 220cm。

里料：幅宽 130cm，长 200cm。

厚黏合衬：幅宽 90cm，长 150cm（前身、领子用）。

薄黏合衬：幅宽 90cm，长 60cm（零部件用）。

【翻驳领女式
长大衣】

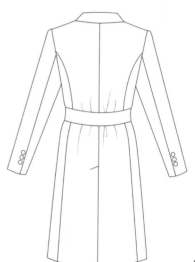

图 3-23

黏合牵条：1.2cm 宽斜丝牵条（止口、袖窿用）。

肩垫：厚度 0.7cm，一副。

纽扣：门襟用按扣 4 副，袖口开衩处用扣 6 粒，直径 1.5cm。

三、规格设计与结构设计流程

1. 规格设计

翻驳领女式长大衣各部位尺寸规格见表 3-2。

表 3-2　翻驳领女式长大衣各部位尺寸规格

示例规格：160/84A　　　　　　　　　　　　　　　　　　　　　　单位：cm

部　位	净 尺 寸	成品尺寸	放松量
后衣长 L（BNP～底边）	101	101	—
胸围 B	84	100	16
腰围 W	68	80	12
臀围 H	92	106	14
胸宽	33	35	2
背宽	35	37	2
肩宽 S	39	40	1
背长	38	38	—
袖长（SP～腕骨）	53	56	3
袖肥	—	34	—
袖口宽（1/2）	—	13	—
前搭门宽	—	3	—
后领面宽	—	5	—
后领座宽	—	3	—
领口宽	—	3.8	—
袖窿底点～BL	—	1.5	—

2. 结构设计流程

（1）准备新文化式女装新原型。

（2）根据面料的厚度、款式造型进行主要部位放松量的设计。

（3）设计成衣衣长尺寸。

（4）设计成衣胸围放松量。

（5）设计成衣腰围放松量。

（6）设计成衣臀围放松量。

（7）用原型借助方法，进行制图设计。

四、制图步骤与方法

1. 衣身制图

衣身制图见图 3-24。

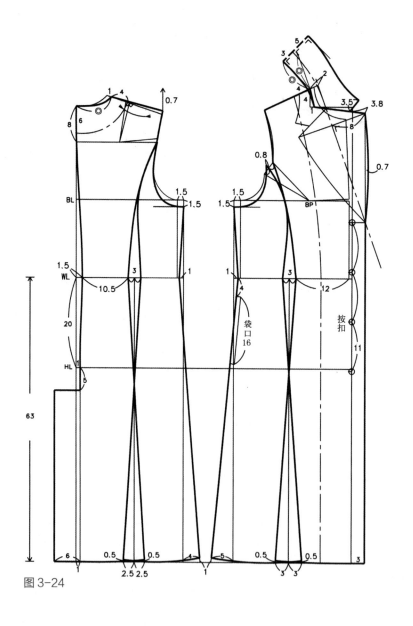

图 3-24

步骤一，原型借助，见图 3-25。

准备文化式女装新原型（参考制图原理女原型部分）。

① 根据各部位测量值使用原型制图，并根据个体的体型情况对原型补正，以便假缝试穿时少做一些修改。

② 与后中心线垂直交叉画出腰围线，放置后身衣片原型。在腰线（WL）同一水平线上放置前身衣片原型。省道及 BP 点处做记号，通过 G 点作水平线 G 线，该线用于袖子部分的制图。

③ 后身衣片肩省量的 1/2 合并，剪开袖窿，分散合并省量，修正肩线、袖窿线。

④ 从前中心线的胸围线处剪开到 BP 点，然后在前颈点处将原型逆时针转动 1cm，作为撇势量，闭合胸省。

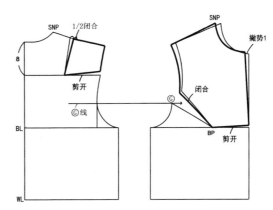

图 3-25

步骤二，画制图基础线，见图 3-26。

① 与前中心线平行，向右追加 0.7cm 作新前中心线，0.7cm 为面料的厚度量。

② 画臀围线（HL）：从腰围线（WL）向下取 20cm 画水平线，作为臀围线。

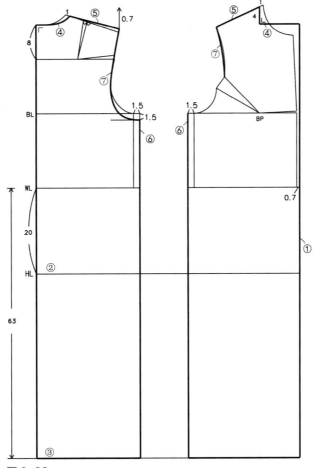

图 3-26

③画底边线：从腰围线向下取 63cm，画水平线，作为底边线。

④画前、后衣身领弧线：后衣身原型肩颈点（SNP）扩大 1cm，与后领深连接领弧线；前衣身原型肩颈点扩大 1cm，向下作 4cm 垂线，过该点画水平线相交于前中心线。

⑤肩线：在后肩端点追加 0.7cm 作为垫肩量，与新肩颈点连接，画后肩线；前肩线与原型一致。

⑥前、后片宽：前、后衣身在胸围线上袖窿处加放松量 1.5cm，后片袖窿再向下 1.5cm。

⑦画前、后衣身袖窿弧线。

步骤三，画前、后衣身中片，见图 3-27。

①后中心线：在 WL 线上取 1.5cm 背省，在 HL 线上取 1cm，然后垂直画线到底边。

②后片刀背缝：以袖窿剪开处为起点 A，到距后中心线 WL 10.5cm 的位置点 B 连线，过该点向右侧取 3cm，确定点 C，将 3cm 二等分，过其中点向下画垂线直到底边，确定点 D，在底边点 D 处向侧缝方向撇 2.5cm，确定点 E，连接袖窿、WL、HL、下摆上各点，形成后片刀背缝。

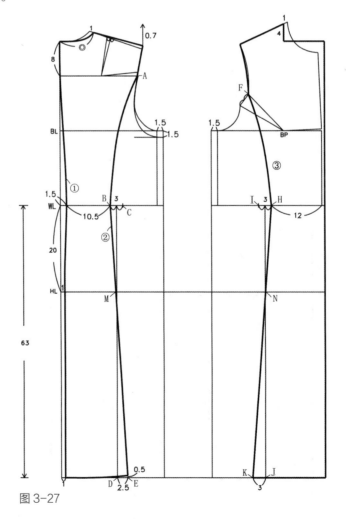

图 3-27

③前片刀背缝：从原型的袖窿省位置点 E 开始连接到 WL 线上距离前中心线 12cm 的位置点 H，向左侧取 3cm，确定 I 点，将 3cm 二等分，过其中点向下画垂线定点 J，在底边点 J 处向侧缝方向撇 3cm，确定点 K，连接各点成前片刀背缝。

步骤四，画前、后衣身侧片，见图 3-28。

①后侧片刀背缝：连接点 A（袖窿）、C 点（WL）、M 点（HL）、底边上的 D 点形成后侧片刀背缝。

②画后片侧缝：从袖窿点起，曲线连接侧缝，在 WL 上向左 1cm 定点，过该点直线连接侧缝，在下摆处撇 4cm 定点，连接各点形成后片侧缝。

③前侧片刀背缝：连接 F 点（袖窿）、I 点（WL）、N 点（HL）、底边上的 J 点形成前侧片刀背缝。

④画前片侧缝：从袖窿点起，曲线连接侧缝，在 WL 上向右 1cm 定点，过该点直线连接侧缝，在下摆处撇 5cm 定点，连接各点形成前片侧缝。

⑤画前袖窿弧线：把前刀背缝合上，画顺前袖窿弧线。

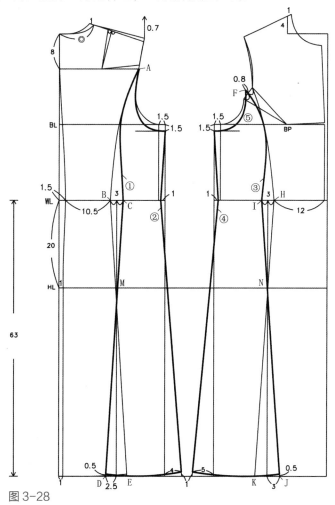

图 3-28

步骤五，绘制止口、领口、后开衩，见图 3-29。

① 绘制止口：距前中心线 3cm 画止口线，止口线平行于前中心线。

② 绘制领口、驳口线（翻折线）。

③ 在后中心线 HL 下 5cm 处开衩。

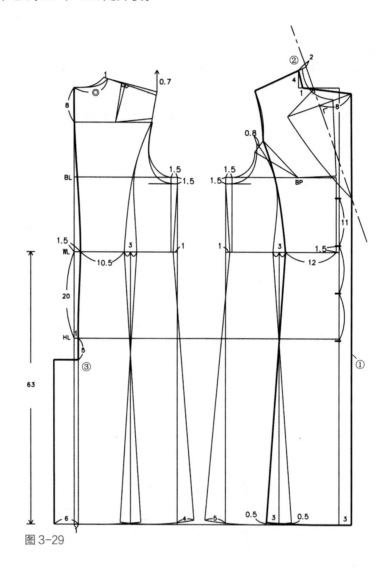

图 3-29

步骤六，绘制零部件及领子，见图 3-30。

① 确定袋口的位置：衣身侧缝线由 WL 向下量取 4cm，为袋口起点位置，袋口尺寸 16cm。

② 过面：在肩线处取 4cm，在底边处取 10cm。

③ 后领贴边：从后中心点向下取 6cm，画出后领贴边。

④ 画领子（领子制图参考领子部分）。

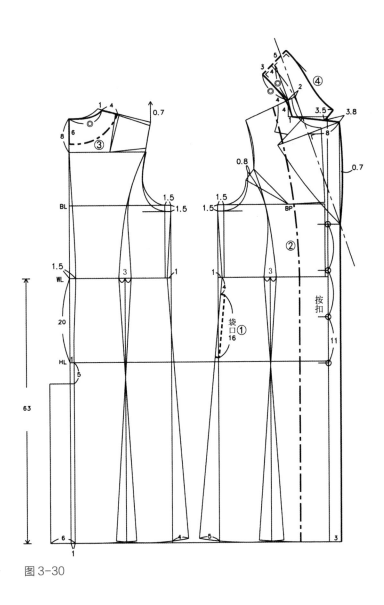

图 3-30

2. 衣身裁片图

衣身裁片图见图 3-31。

3. 零料裁片图

零料裁片图见图 3-32。

4. 领子制图

领子制图见图 3-33。

步骤一，见图 3-34。

① 原型肩颈点外扩 1cm，并延长肩线 2cm，即为前领底宽，与翻折点连线，画出驳口线。

② 从 SNP 点垂直向下 4cm 画水平线，相交于前中心线，并下降 1cm，与距垂线 1cm 点连线，形成串口线。

③ 画驳头宽：在驳口线与串口线之间，截取 8cm 驳头宽。

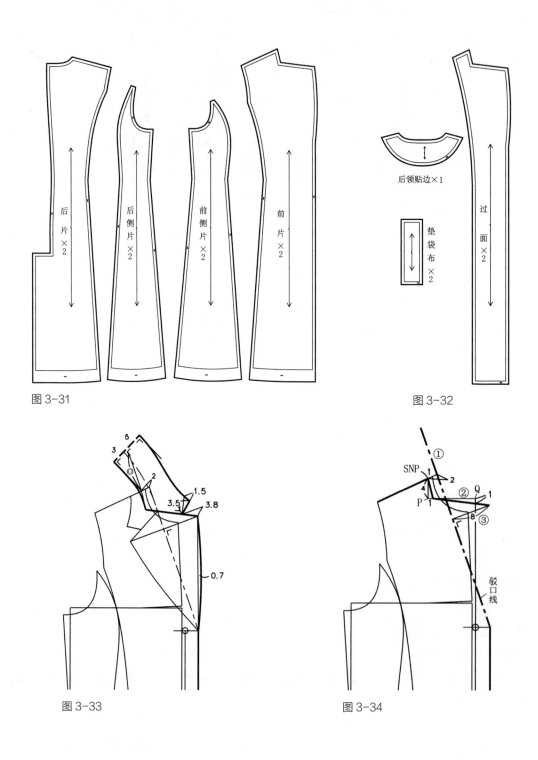

图 3-31

后片×2　后侧片×2　前侧片×2　前片×2

后领贴边×1

垫袋布×2

过面×2

图 3-32

图 3-33

图 3-34

步骤二，见图3-35。

① 从肩颈点画一条线与驳口线平行的直线，在此线上取后领口尺寸（◎），成为绱领线。这条线比实际的领口弧线尺寸稍短，绱领子时在颈侧点附近将领子稍微吃缝。

② 将绱领线倒伏4cm，这个量称为放倒尺寸（倒伏量），多出的领外口长度可以使领子服帖。

③ 连接驳口辅助线。

步骤三，见图3-36。

① 在倒伏后的绱领线上画垂线，作为领子后中心线；画出底领宽3cm，翻领宽5cm（可以盖住绱领线）。直角要用直角板准确画出。

② 量出驳嘴宽3.8cm，并画出垂线。

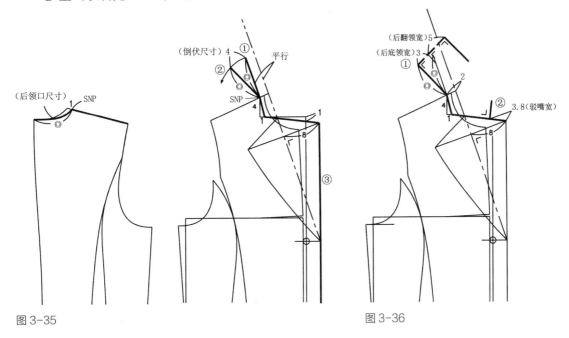

图3-35　　　　　　　　　　　　　　　图3-36

步骤四，见图3-37。

① 在串口线上，从驳头端点沿着串口线取3.8cm，确定绱领止点。过此点画垂线，取前领宽3.5cm，向外1.5cm的位置为领尖点。

② 画翻领的外领口线。

③ 将绱领线和翻领线修正为圆顺的弧线。

④ 画驳口线：在辅助线基础上向外0.7cm画圆顺的弧线。

5. 领子裁片图

领子裁片图见图3-38。

6. 袖子制图

袖子制图见图3-39。

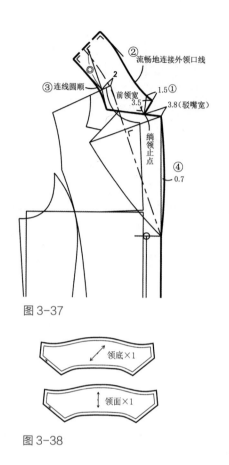

② 流畅地连接外领口线
③ 连线圆顺
前领宽
3.5
1.5①
3.8（驳嘴宽）
绱领止点
④
0.7

图 3-37

领底×1

领面×1

图 3-38

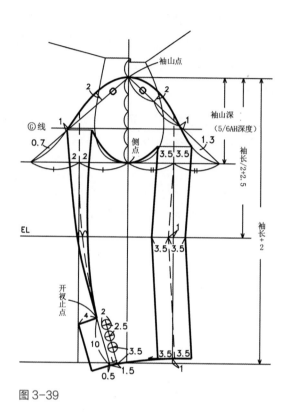

袖山点
袖山深
（5/6AH深度）
袖长/2+2.5
袖长+2
⑥线
0.7
侧点
1.3
2
2
1
1
2
2
3.5 3.5
EL
3.5 3.5
1
开衩止点
4
2
2.5
10
3.5
3.5 3.5
0.5 1.5
1

图 3-39

步骤一，见图 3-40。

测量衣身的袖窿（AH）深度，决定袖山的高度。

① 刀背缝对合、腋下侧点对合，画出衣身的袖窿线。

② 在袖窿底部画出水平线作为袖肥线。

③ 通过腋下缝点画垂直线作为袖山线。

④ 测量前、后肩点到袖窿底的垂直尺寸（AH 深度），将前、后 AH 深度平均，取其 5/6 作为袖山的高度。

⑤ 测量前、后片袖窿的尺寸（AH 长度），从袖山点量取前 AH、后 AH+1cm 相交于袖肥线，同时确定袖肥的大小，袖肥的宽度为（上臂围 +6cm 松度量）比较得当。

步骤二，见图 3-41。

① 以 G 线变曲点为基准，画袖山弧线。

② 袖长从袖山点再追加 2cm，作为垫肩的厚度和由于吃缝而损失的补偿。画出袖口线、袖肘线的水平线。

③ 将前、后袖肥分别二等分，并画出垂线。

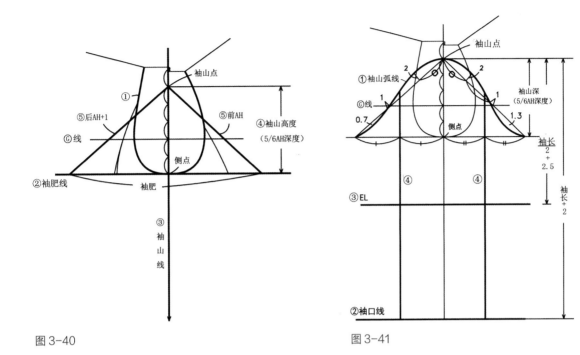

图 3-40　　　　　　　　　　　　　　　　　　图 3-41

步骤三，见图 3-42。

① 画前偏袖弧线。

② 袖口尺寸设计为 13cm，以前偏袖为起点量取。

③ 画后偏袖弧线。

④ 后袖缝开衩 10cm。

步骤四，见图 3-43。

① 大袖片内袖缝：前偏袖向外追加 3.5cm，上、下同宽。

② 大袖片外袖缝：袖根处向外追加 2cm，袖肘处是 1.2cm，在袖开衩止点结束，画出大袖片外袖缝。

③ 确定袖子开衩 4cm。

步骤五，见图 3-44。

① 小袖片内袖缝：前偏袖向内画 3.5cm，上、下同宽，相交于前袖窿弧线。

② 小袖片外袖缝：袖根处向外追加 2cm，袖肘处追加 1.2cm，在袖开衩处止点结束，画出小袖片外袖缝，相交于外袖窿弧线。

③ 小袖片袖窿：沿着偏袖线折叠纸样，将袖山线的下半段描绘到小袖片的袖窿底部。

步骤六，见图 3-45。

测量袖山的吃缝量（袖山弧线与袖窿尺寸的差量），此款大衣吃缝量在 3.5cm 左右。

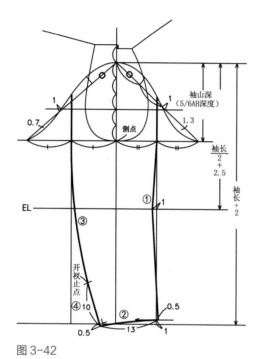

图 3-42

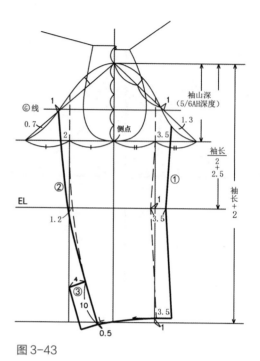

图 3-43

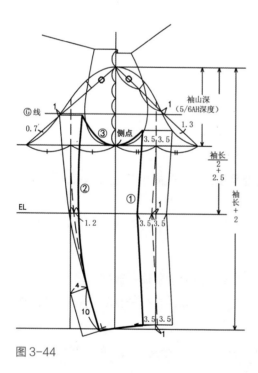

图 3-44

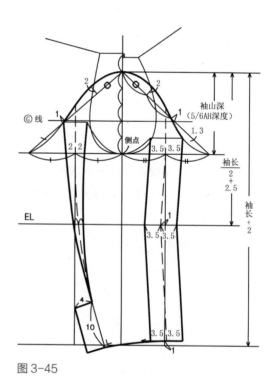

图 3-45

7. 袖子裁片结构图

袖子裁片结构图见图 3-46。

五、紧密排料图

紧密排料图见图 3-47。

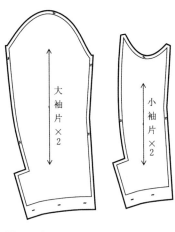

图 3-46

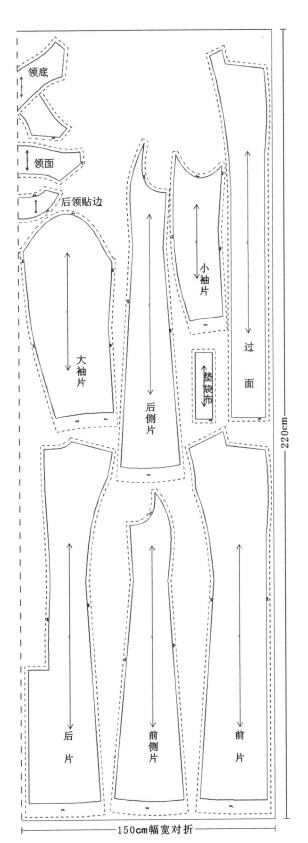

图 3-47

第三节　约克式女式长大衣

一、款式分析

约克也可称为育克，源于英文"yoke"的译音，在前、后衣片上方横向开剪的部分称为约克（图3-48）。

衣身廓型：X型，四开身，腰围以上曲面处理。

前衣片：前胸宽处约克分割处理，公主型结构线，侧片插兜，各部位加适当放松量。

后衣片：后背宽处可分割处理，后中缝收腰，公主型结构线，各部位加适当放松量。

衣领造型：翻折领，领口方型。

衣袖造型：圆装袖——弯袖、两片袖。

二、面料、里料和辅料

面料：140cm 幅宽，长 220cm。

里料：130cm 幅宽，长 180cm。

厚黏合衬：90cm 幅宽，长 120cm（前身、领子用）。

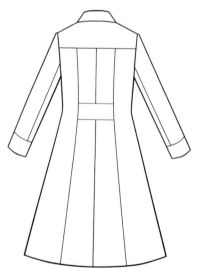

图3-48

薄黏合衬：90cm 幅宽，长 80cm（零部件用）。

厚、薄兼用的黏合衬：90cm 幅宽，长 60cm。

黏合牵条：1.2cm 宽斜丝牵条，长 280cm（止口、袖隆用）。

肩垫：厚度 0.7cm，一副。

纽扣：前襟 5 个，直径 2.5cm。

三、规格设计与结构设计流程

1. 规格设计

约克式女式长大衣各部位尺寸规格见表 3-3。

表 3-3　约克式女式长大衣各部位尺寸规格

示例规格：160/84A　　　　　　　　　　　　　　　　　　　　　　单位：cm

部 位	净 尺 寸	成品尺寸	放松量
后衣长 L（BNP～底边）	103	103	—
胸围 B	84	102	18
腰围 W	68	83	15
臀围 H	92	108	16
胸宽	33	35	2
背宽	35	37	2
肩宽 S	39	40	1
背长	38	38	—
袖长（SP～腕骨）	53	56	3
袖肥	—	34	—
袖口宽（1/2）	—	13.5	—
前搭门宽	—	3	—
后领面宽	—	5	—
后领座宽	—	4	—
领口宽	—	7.5	—
袖隆底点～BL	—	2	—

2. 结构设计流程

（1）准备文化式女装新原型。

（2）根据面料的厚度、款式造型进行主要部位放松量的设计。

（3）设计成衣衣长尺寸。

（4）设计成衣胸围放松量。

（5）设计成衣腰围放松量。

（6）设计成衣臀围放松量。

（7）用原型借助方法，进行制图设计。

四、制图步骤与方法

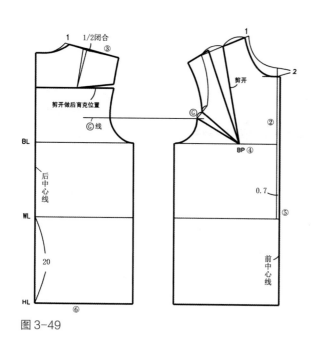

图 3-49

1. 衣身制图

衣身制图见图 3-49。

步骤一，原型借助，见图 3-50。

准备文化式女装新原型（参考制图原理女原型部分）。

① 根据各部位测量值使用原型制图，如有需要，可以根据个体的体型情况对原型补正，以便假缝试穿时少做一些修改。

② 与后中心线垂直交叉画出腰围线，放置后身原型。在距离后身原型 3~5cm 处留出放松量，放置前身原型。省道及 BP 点处做记号，通过 G 点作水平线。

③ 肩省量的 1/2 合并，剪开袖窿，分散合并的省量，订正肩线、袖窿线。

④ 从前片肩线中点与 BP 点连线，并剪开。在袖窿省处合并 1/2 省。

⑤ 与前中心线平行，追加 0.7cm 作为面料的厚度量，成为新的前中心线。

⑥ 在后中线取臀围线（HL 线）。从腰围线向下取 20cm 画出水平线，作为臀围线。

步骤二，画制图基础线，见图 3-51。

① 底边线：由 WL 线向下 65cm。

② 绘制止口线：搭门宽 3cm。

③ 绘制前、后片领弧线。

④ 设计胸围的放松量。

⑤ 后片中心线。

⑥ 绘制袖窿弧线。

⑦ 确定前、后片约克位置。

步骤三，绘制前、后衣身中片，见图 3-52。

① 设计后中片结构线。

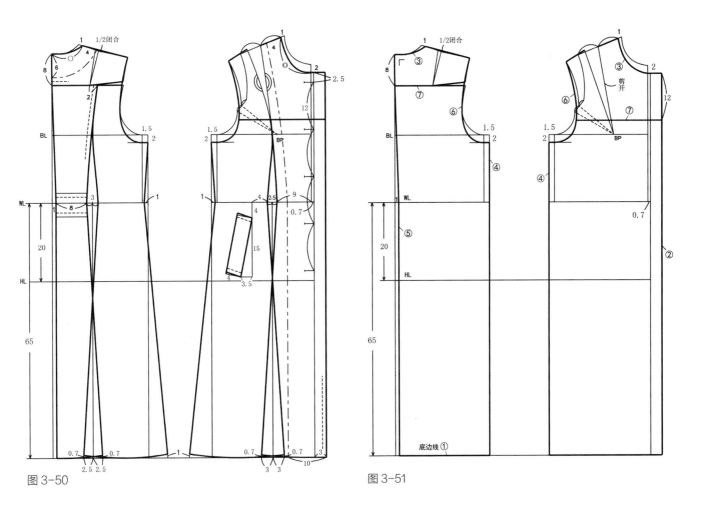

图 3-50　　　　　　　　　　　　　　　　　　图 3-51

②绘制后中片底边线。

③设计前中片结构线。

④绘制前中片底边线。

步骤四，绘制前、后衣身侧片，见图 3-53。

①通过 WL 省位点、底边下摆点，绘制后侧片结构线。

②绘制后衣片侧缝线，形成后衣身侧片。

③通过肩线开剪点、WL 省位点、底边下摆点，画出前侧片结构线。

④画出前衣片侧缝线，形成前衣身侧片。

⑤绘制前、后侧片底边线。

⑥设计后腰装饰开剪位置。

⑦设计口袋位置。

⑧确定扣眼位置。

⑨确定前、后贴边位置。

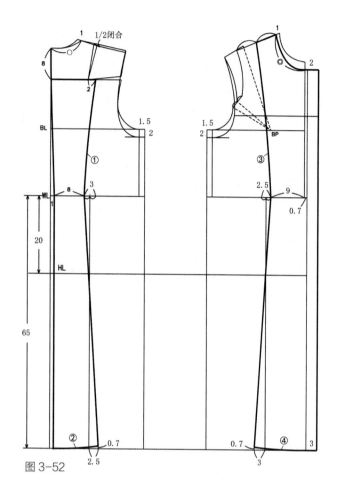

图 3-52

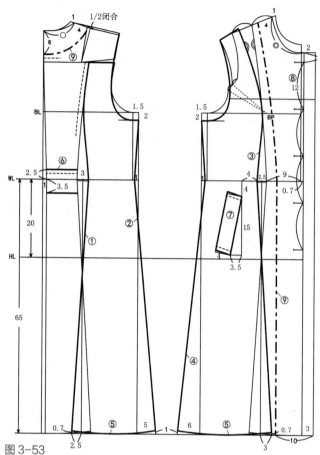

图 3-53

2. 衣身裁片图

衣身裁片图见图 3-54。

3. 零料裁片图

零料裁片图见图 3-55。

4. 前约克省道转换

前约克省道转换见图 3-56。

5. 袖子制图

袖子制图见图 3-57。

步骤一，绘制基础线，测量出前、后 AH 尺寸，见图 3-58。

① 绘制相互垂直的两条基础线。

② 测量前、后袖窿的深度，取其平均值的 5/6 作为袖山的高度。

③ 袖口线：由袖顶点向下量取袖长，画出底边线，与袖山深线平行。

④ EL 线：袖长 /2+2.5cm。

⑤ 由袖顶点向袖山深线分别量取后 AH+1、前 AH，相交于后袖窿深线。

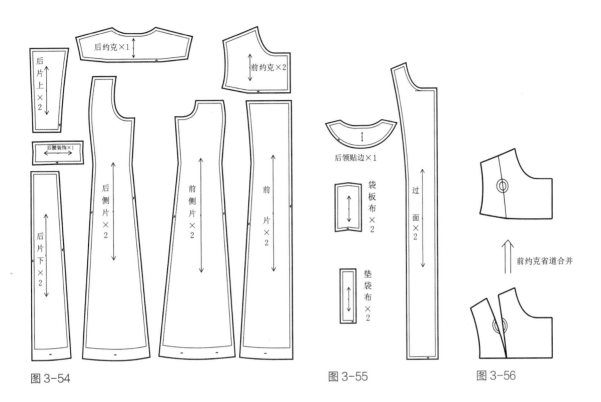

后约克×1

前约克×2

后片上×2

后腰装饰×1

后片下×2

后侧片×2

前侧片×2

前片×2

后领贴边×1

袋板布×2

垫袋布×2

过面×2

前约克省道合并

图 3-54　　　　　　　图 3-55　　　　　　图 3-56

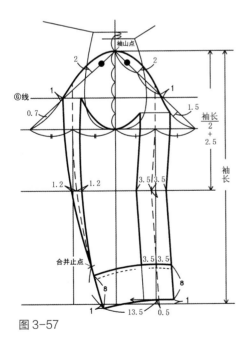

图 3-57

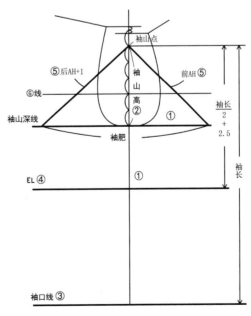

图 3-58

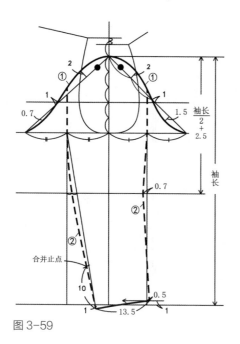

图 3-59

步骤二，绘制两片袖基线位置，见图 3-59。

① 绘制袖山弧线。

② 做两片袖处理。

步骤三，绘制袖片的尺寸，见图 3-60。

① 确定大袖片内、外袖缝。

② 确定小袖片内、外袖缝。

步骤四，绘制小袖片，见图 3-61。

① 绘制小袖片袖山弧线。

② 设计袖口开剪线。

6. 袖口布制图

袖口布制图见图 3-62。

7. 袖子裁片图

袖子裁片图见图 3-63。

8. 领子制图

领子制图见图 3-64。

9. 领子裁片图

领子裁片图见图 3-65。

五、紧密排料方法

紧密排料方法见图 3-66。

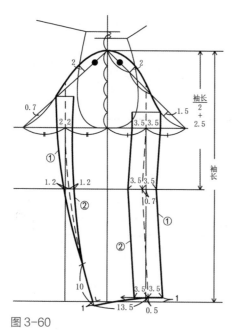

图 3-60

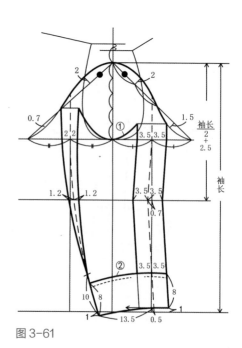

图 3-61

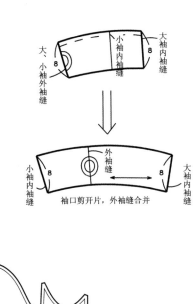

图 3-62

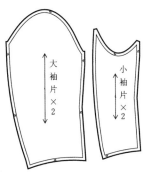

图 3-63

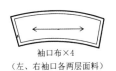

袖口布×4
（左、右袖口各两层面料）

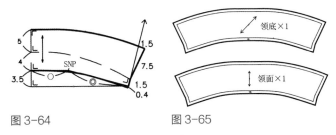

图 3-64　　　　图 3-65

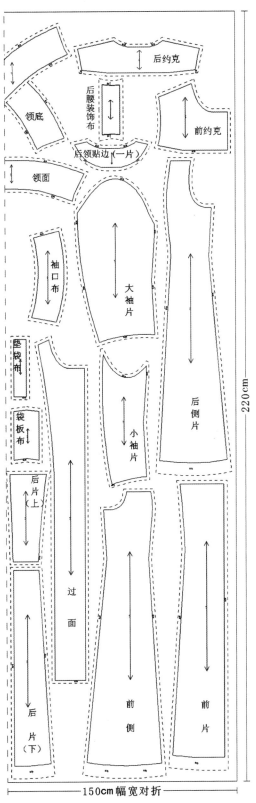

图 3-66

【思考与实践】

（1）思考束腰型女式长大衣的收腰方法，以及各部位之间的比例关系。

（2）绘制本章所讲授的3款大衣的比例制图（1∶400）。

（3）实践操作其中一款1∶1制图，做到线条清晰、结构合理、比例得当。

第四章
束腰型女式中短大衣

【教学目标和要求】

目标：熟练掌握这类大衣的构成要素。

要求：掌控衣身底边的位置，因为不同的衣身长度会给人不同的视觉感受，也会产生不同的风格特点。

【本章重点和难点】

重点：结构设计方式方法、线条的绘制方法。

难点：服装与人体空间量的设计，衣身长度、下摆围度尺寸的设计。

束腰型女式中短大衣也是深受女性喜爱的一种大衣款式。这类大衣的特点是衣身 X 型廓型，服装上身尺寸与人体之间的空间量较小，下摆尺寸量较大，形成胸、腰、下摆 3 个围度的对比，可以凸显出女性优美的体态。这类款型与长款大衣相比衣长略短，整体造型修身、精练。中长款大衣的底边处于膝盖上下，短款大衣的在臀围以下、膝盖以上。

第一节　修身型女式中长大衣

一、款式分析

修身型女式中长大衣见图 4-1。

衣身廓型：小 X 型，四开身，腰围以上曲面处理。

前衣片：刀背型结构线，腰围以下结构线上做插袋，各部位加适当放松量。

后衣片：后中缝收腰，刀背型结构线，各部位加适当放松量。

衣领造型：翻折领——翻折线剪开，分为翻领和领座两个部分。

衣袖造型：圆装袖——弯袖、两片袖。

二、面料、里料和辅料

面料：幅宽 150cm，长 200cm。

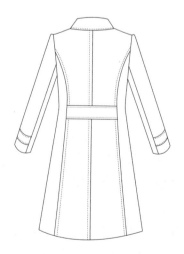

图 4-1

里料：幅宽 130cm，长 180cm。

厚黏合衬：幅宽 90cm，长 100cm（前身、领子用）。

薄黏合衬：幅宽 90cm，长 60cm（零部件用）。

黏合牵条：宽 1.2cm 斜丝牵条，长 200cm（止口、袖窿用）。

肩垫：厚度 0.7cm，一副。

纽扣：皮搭扣 4 副、按扣 4 副；袖扣 2 粒，直径 2.5cm；垫扣 2 粒，直径 1cm。

三、规格设计与结构设计流程

1. 规格设计

修身型女式中长大衣各部位尺寸规格见表 4–1。

表 4–1　修身型女式中长大衣各部位尺寸规格

示例规格：160/84A　　　　　　　　　　　　　　　　　　　　　　　　　单位：cm

部　位	净 尺 寸	成品尺寸	放松量
后衣长 L（BNP～底边）	85	85	—
胸围 B	84	100	16
腰围 W	68	78	10
臀围 H	92	104	12
胸宽	33	35	2
背宽	35	37	2
肩宽 S	39	40	1
背长	38	38	—
袖长（SP～腕骨）	53	56	3
袖肥	—	34	—
袖口宽（1/2）	—	13	—
前搭门宽	—	2.5	—
后领面宽	—	5	—
后领座宽	—	3	—
领口宽	—	3.8	—
袖窿底点～BL	—	1.5	—

2. 结构设计流程

（1）准备文化式女装新原型。

（2）根据面料的厚度、款式造型进行主要部位放松量的设计。

（3）设计成衣衣长尺寸。

（4）设计成衣胸围放松量。

（5）设计成衣腰围放松量。

（6）设计成衣臀围放松量。

（7）用原型借助方法，进行制图设计。

四、制图步骤与方法

1. 衣身制图

衣身制图见图 4-2。

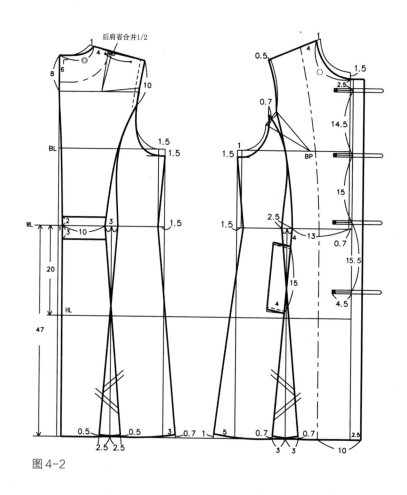

图 4-2

步骤一，原型借助：准备文化式女装新原型（参考制图原理女装原型部分）。

步骤二，画制图基础线，见图 4-3。

①底边线：沿后中线在腰围线（WL）向下取 47cm，画水平线，作为底边线。

②臀围线（HL）：从腰围线（WL）向下取 20cm，画水平线，作为臀围线。

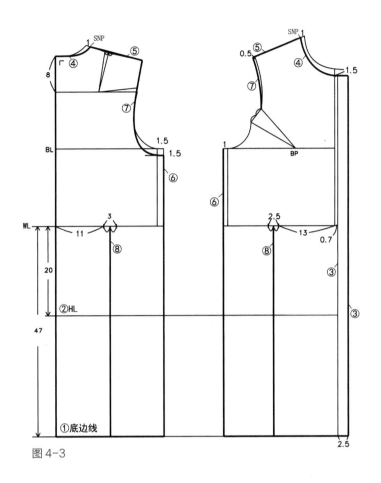

图 4-3

③ 止口线：与前中心线平行，加放 0.7cm 面料的厚度量画新前中心线，沿新前中心线向右移动 2.5cm，画止口线。

④ 前、后衣身领弧线：在后原型肩颈点（SNP）扩大 1cm，与后领深连接领弧线；前原型肩颈点（SNP）扩大 1cm，前中心点向下 1.5cm 处画前领弧线。

⑤ 肩线：合并后肩省 1/2，肩端点与新肩颈点连接，画后肩线；前肩线在肩端点处扩大 0.5cm。

⑥ 前、后片胸宽：前、后衣身在胸围线上袖窿处分别加放松量 1cm 和 1.5cm，后袖窿再向下降 1.5cm。

⑦ 画前、后衣身袖窿弧线。

⑧ 确定前、后衣片结构线在腰围线上的位置。

步骤三，画前、后衣身中片，见图 4-4。

① 后中心线：由原型后中心线领深点向下量取 8cm 定点，在 WL 线上向右量取 1cm 背缝省量定点，过以上两点垂直画线到底边。

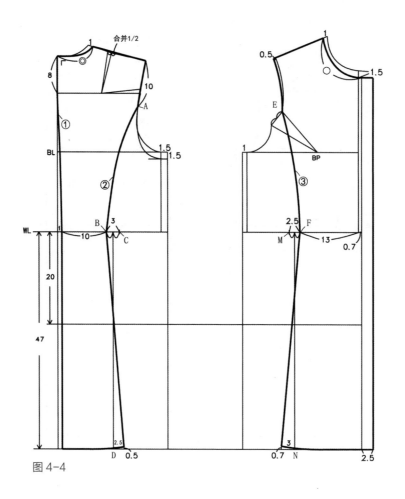

图 4-4

　　② 后片刀背缝：从后肩端点沿袖窿向下 10cm 定点 A，到距后中心线 10cm 处的腰围线位置定点 B，过该点向右移动 3cm，确定侧片在腰围线上的位置点 C，将 3cm 二等分，过其中点向下作垂线与底边相交点 D，在底边 D 点处向右撇 2.5cm 定点，连接袖窿、WL、HL、下摆上各点，形成后片刀背省。

　　③ 前片刀背缝：从原型的袖窿位置点 E 开始连接到 WL 线上距离前中心线 13cm 的位置点 F，该点向左移动 2.5cm，确定侧片位置点 M，将 2.5cm 二等分，过其中点向下作垂线与底边相交于 N 点，交点 N 向左撇 3cm 定点，将以上各点连接成前片刀背缝。

步骤四，画前、后衣身侧片，见图 4-5。

① 后侧片刀背缝：连接袖窿（A 点）、WL（C 点）、HL、底边上的各点形成后侧片刀背缝。

② 画后片侧缝：从袖窿点起，曲线连接侧缝在 WL 上进 1.5cm 点，并直线连接侧缝下摆撒 3cm 点，形成后片侧缝。

③ 侧片前刀背缝：连接袖窿、WL、HL、底边上的各点，形成前侧片刀背缝。

④ 画前片侧缝：从袖窿点起，曲线连接侧缝在 WL 上进 1.5cm 点，并直线连接侧缝下摆撒 5cm 点，形成前片侧缝。

⑤ 画前侧片袖窿弧线：把前刀背缝合上，画顺前袖窿弧线。

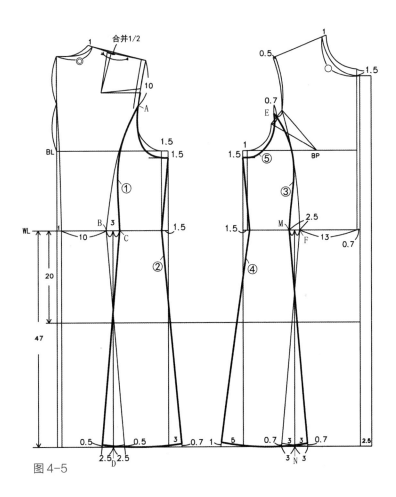

图 4-5

步骤五，见图 4-6。

① 确定后腰装饰布位置。

② 确定前片兜口位置。

③ 画前、后贴边位置。

④ 确定皮扣位置。

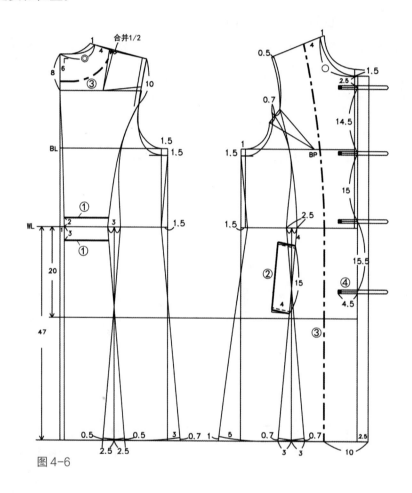

图 4-6

2. 衣身结构分解图

衣身结构分解图见图 4-7。

3. 零料裁片图

零料裁片图见图 4-8。

4. 袖子制图

袖子制图见图 4-9、图 4-10。

5. 袖子裁片图

袖子裁片图见图 4-11。

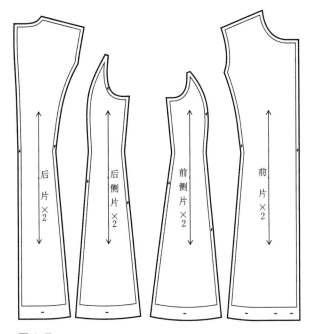

图 4-7

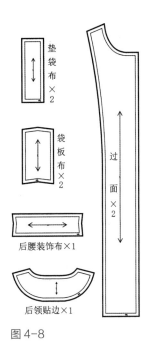

垫袋布×2

袋板布×2

后腰装饰布×1

后领贴边×1

过面×2

图 4-8

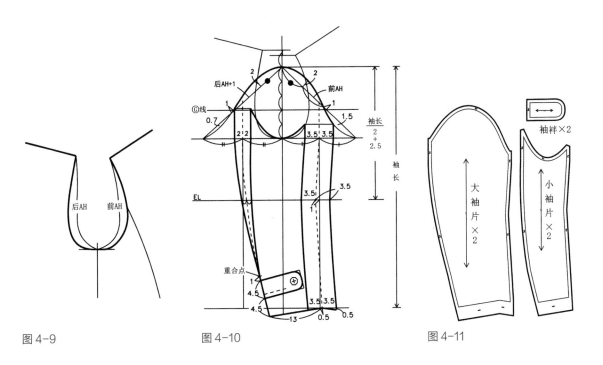

图 4-9

图 4-10

图 4-11

6. 领子制图

领子制图见图 4-12。测量前领弧长 = ○、后领弧长 = ◎。

7. 领子裁片图

领子裁片图见图 4-13。

8. 扣子制图

扣子制图见图 4-14。

五、紧密排料图

紧密排料图见图 4-15。

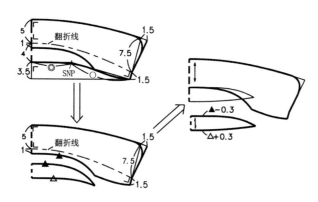

图 4-12

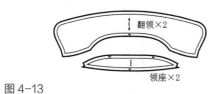

图 4-13

图 4-14

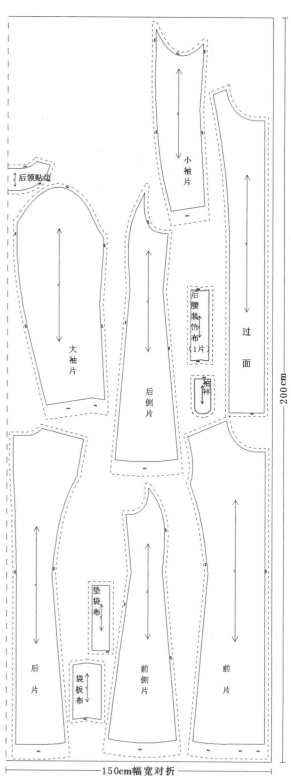

图 4-15

第二节　风衣式女式中长大衣

一、款式分析

风衣式女式中长大衣见图 4-16。

衣身廓型：X 型，四开身，腰围以上曲面处理，腰部修身型。

前衣片：公主型结构线，侧缝省道转移到结构线，斜插袋口。

后衣片：后中缝收腰，公主型结构线，各部位适当放松量。

衣领造型：翻折领——翻折线剪开，分为翻领、领座两个部分。

衣袖造型：圆装袖——弯袖、两片袖。

二、面料、里料和辅料

面料：幅宽 150cm，长 200cm。

里料：幅宽 130cm，长 180cm。

厚黏合衬：90cm 幅宽，长 130cm（前身、领子用）。

薄黏合衬：90cm 幅宽，长 100cm（零部件用）。

厚、薄兼用的黏合衬：90cm 幅宽，长 100cm。

图 4-16

黏合牵条：1.2cm 宽斜丝牵条，长 200cm（止口、袖窿用）。

肩垫：厚度 0.7cm，一副。

纽扣：直径 2.5cm，13 个（前门襟 10 个、袖袢 2 个、后覆肩 1 个）。

三、规格设计与结构设计流程

1. 规格设计

风衣式女式中长大衣各部位尺寸规格见表 4-2。

表 4-2　风衣式女式中长大衣各部位尺寸规格

示例规格：160/84A　　　　　　　　　　　　　　　　　　　　　　　　单位：cm

部　位	净 尺 寸	成品尺寸	放松量
后衣长 L（BNP～底边）	88	88	—
胸围 B	84	100	16
腰围 W	68	80	12
臀围 H	92	106	14
胸宽	33	35	2
背宽	35	37	2
肩宽 S	39	40	1
背长	38	38	—
袖长（SP～腕骨）	53	56	3
袖肥	—	34	—
袖口宽（1/2）	—	13	—
前搭门宽	—	9	—
后领面宽	—	5	—
后领座宽	—	3	—
领口宽	—	3.8	—
袖窿底点～BL	—	1.5	—

2. 结构设计流程

（1）准备新文化式女装新原型。

（2）根据面料的厚度、款式造型进行主要部位放松量的设计。

（3）设计成衣衣长尺寸。

（4）设计成衣胸围放松量。

（5）设计成衣腰围放松量。

（6）设计成衣臀围放松量。

（7）用原型借助方法，进行制图设计。

四、制图步骤与方法

1. 衣身制图

衣身制图见图4-17。

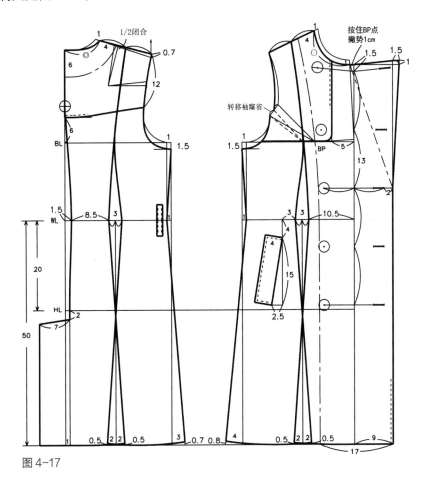

图4-17

步骤一，见图4-18。

① 与后中心线垂直交叉画出腰围线（WL），前、后身原型放置同一水平线上（WL）。省道及BP点处做记号，通过G点作水平线。

② 肩省量的1/2合并，剪开袖窿，分散合并的省量，订正肩线、袖窿线。

③ 从前中心线的胸围线处剪开到BP点。在前颈点处与原型的撇势为1cm，闭合胸省量。

步骤二，见图4-19。

① 底边线：从腰围线WL向下取50cm画水平线，成为底边线。

② 臀围线HL：从腰围线WL向下取20cm画水平线，成为臀围线。

③ 与前中心线平行画出9cm宽搭门，并垂直画到底边线，成为前止口线。

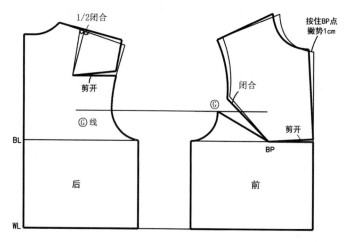

图 4-18

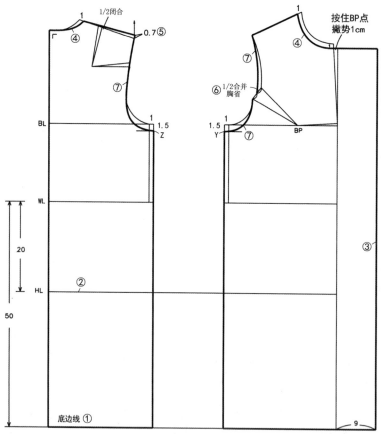

图 4-19

④ 前、后领口宽都扩大 1cm，前领深下降 1cm。

⑤ 后肩端点因肩垫厚度追加 0.7cm。

⑥ 前片袖窿省 1/2 闭合。

⑦ 前、后片宽端点各扩大 1cm，袖窿深下降 1.5cm，绘制前、后袖窿弧线。

步骤三、步骤四，分别见图 4-20、图 4-21。

① 后中心线：在腰围线上收 1.5cm，臀围线上收 1cm，由此点画垂线直到底边。

② 后公主线：后肩斜线 1/2 点，与距后中线 8.5cm 的 WL 位置连线，向侧面量取 3cm，确定侧面位置。将 3cm 二等分，过其中点向下画垂线直到底边，底边处下摆撇 2cm，连接肩中点、WL、HL、下摆上各点，形成公主型结构线。

③ 前公主线：前肩 1/2 点与 WL 距前中心线 10.5cm 点连线，并与 HL、底边各点连接成公主型结构线。

④ 绘制前、后中片底边线。

⑤ 绘制后侧片结构线。

⑥ 绘制后侧片侧缝线。

⑦ 绘制前侧片结构线。

⑧ 绘制前侧片侧缝线。

⑨ 合拢省缝，将前袖窿修整圆顺。

⑩ 绘制前、后侧片底边线。

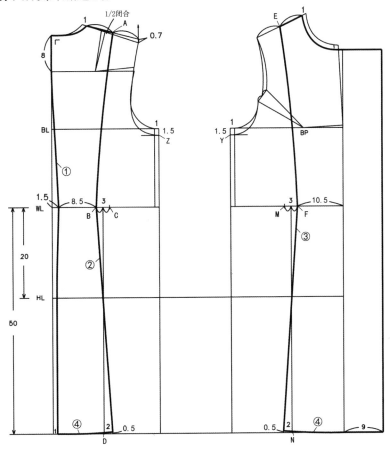

图 4-20

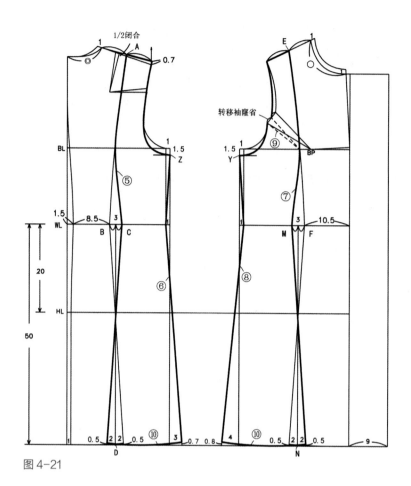

图 4-21

步骤五，见图 4-22。

① 确定后开衩位置。

② 确定后覆肩。

③ 确定口袋位置。

④ 绘制驳口线。

⑤ 确定前覆肩位置。

⑥ 前贴边。

⑦ 后贴边。

2. 前身省位转移

前身省位转移见图 4-23。

3. 覆肩布制图

覆肩布制图见图 4-24。

4. 腰带制图

腰带制图见图 4-25。

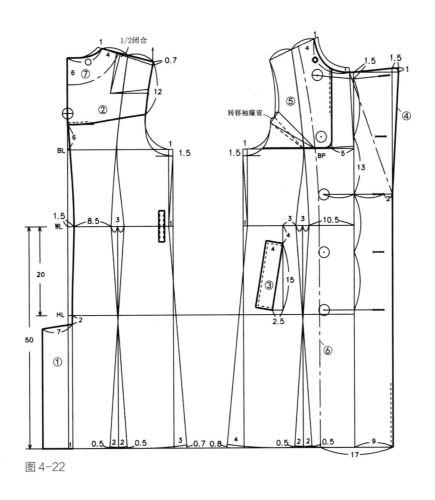

图 4-22

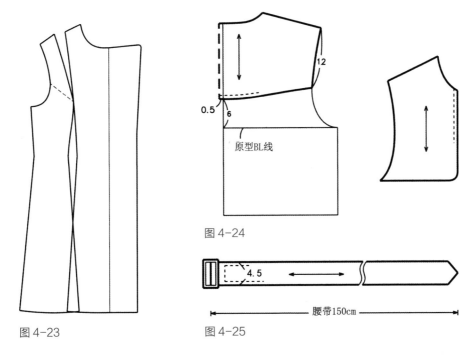

图 4-23

图 4-24

图 4-25

腰带150cm

5. 衣身裁片图

衣身裁片图见图4-26。

6. 零料裁片图

零料裁片图见图4-27。

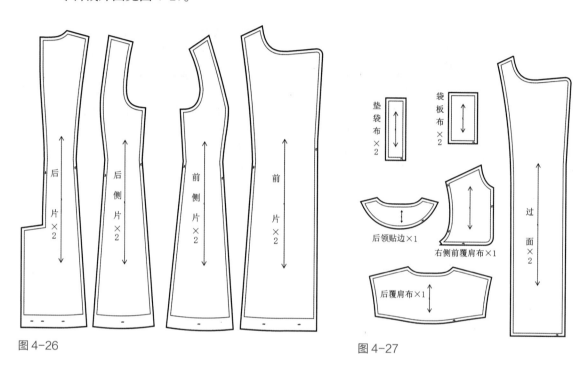

图 4-26

图 4-27

7. 领子制图

领子制图见图4-28。测量前领弧长 = 〇、后领弧长 = ◎。

8. 领子裁片图

领子裁片图见图4-29。

9. 袖子制图

袖子制图见图4-30。

步骤一，见图4-31。

用测量衣身袖窿（AH）深度的方法来决定袖山高度。

① 对合省位及腋下侧点，画出衣身的袖窿线。

② 在袖窿底部画出水平线作袖肥线。

③ 通过腋下缝点引垂直线作袖山线。

④ 量前、后肩点到袖窿底的垂直尺寸（AH 的深度），取前、后 AH 深度的 5/6 作袖山的高度。

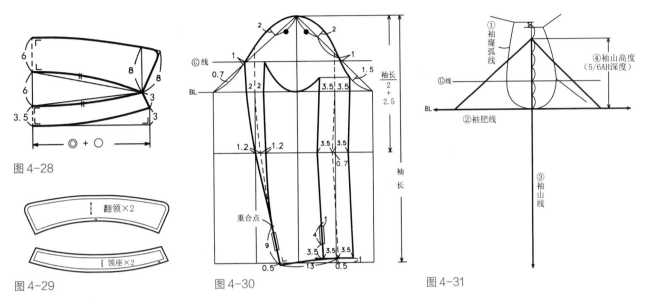

图 4-28

图 4-29

图 4-30

图 4-31

步骤二，见图 4-32。

① 量前、后片袖窿的尺寸（AH 长度），从袖山点量取前 AH、后 AH+1cm 相交于袖肥线，同时确定袖肥的大小，袖肥的宽度为（上臂围 +6cm 松度量）。

② 画 EL 线。

③ 画袖口线。

步骤三，见图 4-33。

① 以 G 线变曲点为基准，画袖山弧线。

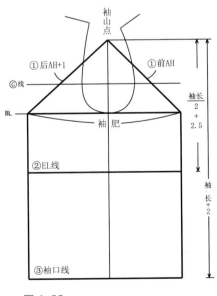

图 4-32

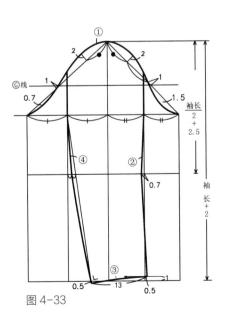

图 4-33

② 绘制前偏袖弧线。

③ 袖口尺寸设计为 13cm，以前偏袖为起点量取 13cm。

④ 绘制后偏袖弧线。

步骤四，见图 4-34。

① 大、小袖片内袖缝：从前偏袖分别向内、外画 3.5cm，上下同宽。

② 大、小袖片外袖缝：由袖根处分别向内、外画 2cm，袖肘处是 1.2cm，重合点是袖口处向上 9cm 处。

③ 小袖片袖窿：沿着偏袖线折叠纸样，把袖山线的下半段描绘到小袖片的袖窿底部。

10. 袖扣带制图

袖扣带制图见图 4-35。

11. 袖子裁片图

袖子裁片图见图 4-36。

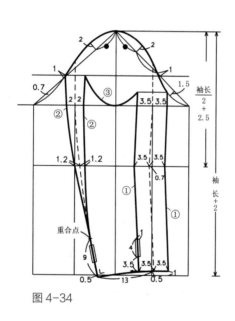

图 4-34

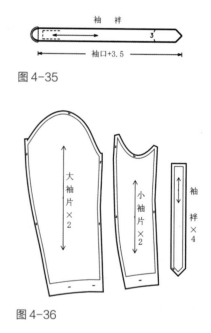

图 4-35

图 4-36

五、紧密排料图

紧密排料图见图 4-37。

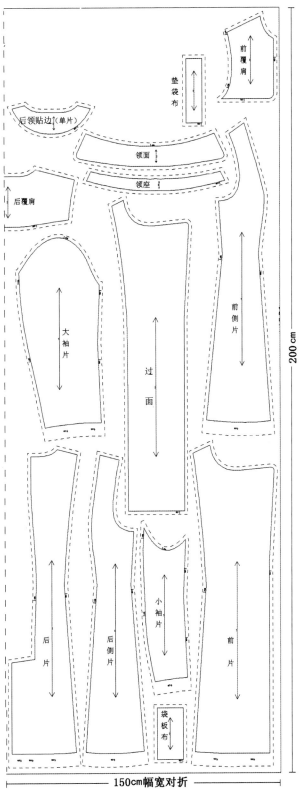

前覆肩

垫袋布

后领贴边(单片)

领面

领座

后覆肩

大袖片

过面

前侧片

小袖片

后片

后侧片

前片

袋板布

200 cm

← 150cm幅宽对折 →

图 4-37

第三节　双排扣三开身女式中长大衣

一、款式分析

这款三开身大衣（图4-38）在前、后片的结构线上进行了收腰处理，由于没有侧缝收腰，因此不是十分贴服于身体，腰部与服装有了相对多的空间量，更适合于秋冬季穿着。

衣身廓型：X型，三开身，较修身型。

前衣片：腋下公主线结构，领弧省道，结构线上插兜，各部位加适当放松量。

后衣片：后中缝收腰，腋下公主线结构，后中缝下摆开衩，各部位加适当放松量。

衣领造型：翻折领——翻折线开剪，分为翻领、领座两个部分。

衣袖造型：圆装袖——弯袖、两片袖。

二、面料、里料和辅料

面料：幅宽150cm，长230cm。

里料：幅宽130cm，长210cm。

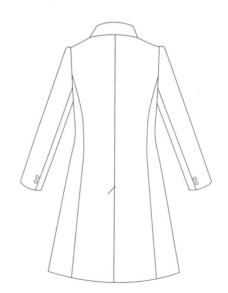

图4-38

厚黏合衬：幅宽 90cm，长 110cm（前身、领子用）。

薄黏合衬：幅宽 90cm，长 60cm（零部件用）。

厚、薄兼用的黏合衬：幅宽 90cm，长 60cm。

黏合牵条：1.2cm 宽斜丝牵条，长 200cm（止口、袖窿用）。

肩垫：厚度 0.7cm，一副。

纽扣：前襟 8 粒，直径 2.5cm；袖口 4 粒，直径 2cm。

三、规格设计与结构设计流程

1. 规格设计

双排扣三开身女式中长大衣各部位尺寸规格见表 4-3。

表 4-3　双排扣三开身女式中长大衣各部位尺寸规格

示例规格：160/84A　　　　　　　　　　　　　　　　　　　　　　　单位：cm

部　位	净尺寸	成品尺寸	放松量
后衣长 L（BNP~底边）	85	85	—
胸围 B	84	100	16
腰围 W	68	80	12
臀围 H	92	106	14
胸宽	33	35	2
背宽	35	37	2
肩宽 S	39	40	1
背长	38	38	—
袖长（SP~腕骨）	53	56	3
袖肥	—	34	—
袖口宽（1/2）	—	13	—
前搭门宽	—	8	—
领面宽	—	6	—
领座宽	—	4	—
领口宽	—	8	—
袖窿底点~BL	—	1	—

2. 结构设计流程

（1）准备新文化式女装新原型。

（2）根据面料的厚度、款式造型进行主要部位放松量的设计。

（3）设计成衣衣长尺寸。

（4）设计成衣胸围放松量。

（5）设计成衣腰围放松量。

（6）设计成衣臀围放松量。

（7）用原型借助方法，进行制图设计。

四、制图步骤与方法

1.衣身制图

衣身制图见图4-39。

步骤一，原型借助，见图4-40。

① 与后中心线垂直交叉画出腰围线，放置后身原型。在距离后身原型3cm处留出放松量，放置前身原型。省道及BP点处做记号，通过G点作水平线。

② 肩省量的1/2合并，剪开袖窿，分散合并的省量，订正肩线、袖窿线。

③ 从前片肩颈点量取领弧6cm与BP点连线，并剪开。在袖窿省处合并1/3省。

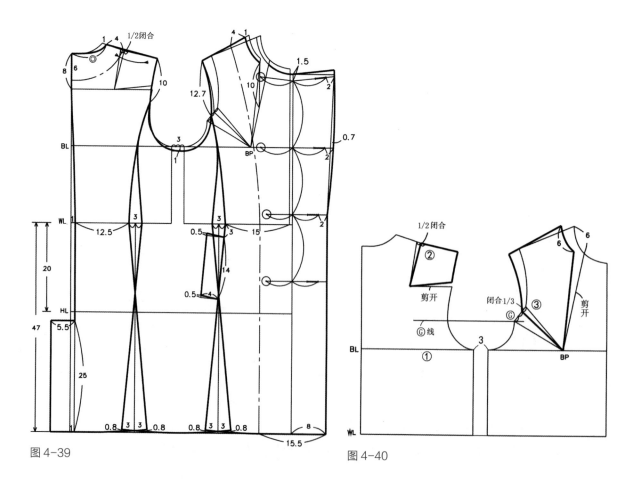

图4-39   图4-40

步骤二，见图 4-41。

① 底边线：由 WL 向下取 47cm。

② HL 线：由 WL 向下取 20cm。

③ 与前中心线平行，追加 0.7cm 作为面料的厚度量，成为前止口线。

④ 画领弧线：由原型肩颈点向肩线扩大 1cm 领宽，前领深下降 1.2cm，分别连接前、后片领弧线。

步骤三，见图 4-42。

① 绘制后中心线。

② 止口线：搭门宽 8cm。

③ 袖窿深下降 1cm，画顺袖窿弧线，并从前、后片肩端点分别向下量取 12.7cm 定点 A、10cm 定点 B。

④ 确定前、后中心片结构线位置：前片由 A 点曲线连接到 C 点，再由 C 点直线连接到 E 点；后片由 B 点曲线连接到 D 点，再由 D 点直线连接到 F 点。

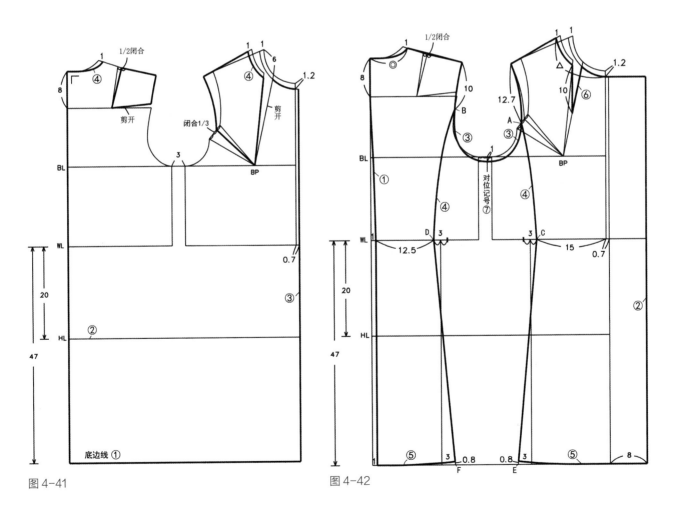

图 4-41　　　　　图 4-42

⑤绘制底边线。

⑥确定领弧省位置：取省长 10cm。

⑦确定对位记号位置：把前、后原型侧缝之间的距离三等分，取前 1/3 点，作为与袖子的对位点。

步骤四，见图 4-43。

①确定侧片结构线位置：前片由 A 点曲线连接到 H 点，再由 H 点直线连接到 M 点；后片由 B 点曲线连接到 J 点，再由 J 点直线连接到 N 点。

②设计止口线走势：前片止口顶点向右 1.5cm、上 1cm 定点，该点与驳折点连接直线。

③连接侧片底边线。

步骤五，见图 4-44。

①画后中心线开衩位置。

②确定兜口位置。

③确定扣眼、纽扣位置。

④画前、后片贴边位置。

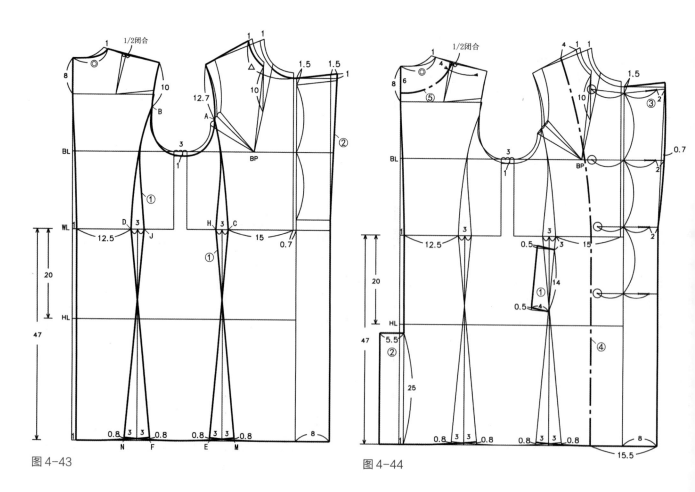

图 4-43   图 4-44

2. 衣身裁片图

衣身裁片图见图 4-45。

3. 贴边纸样整理

贴边纸样整理见图 4-46。

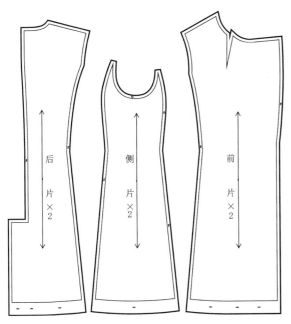

图 4-45

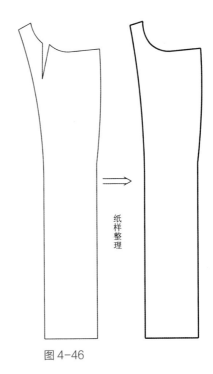

图 4-46

4. 零料裁片图

零料裁片图见图 4-47。

5. 袖子制图

首先测量出 AH 尺寸（前、后衣身的袖窿弧长度），见图 4-48。

（1）通过侧缝点画垂线作为袖山线。

（2）通过袖窿底部画出水平线作为袖肥线。

（3）由袖顶点向下量取袖长 +2cm，画出底边线，与袖山深线平行。

（4）EL 线：袖长 /2+2.5cm。

（5）由袖顶点向后袖窿深线画后 AH+1，相交于后袖窿深线。

（6）由袖顶点向前袖窿深线画前 AH，相交于前袖窿深线。

（7）绘制袖山弧线。

（8）大、小袖片内袖缝。

（9）大、小袖片外袖缝。

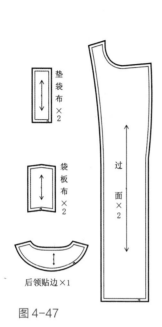

图 4-47

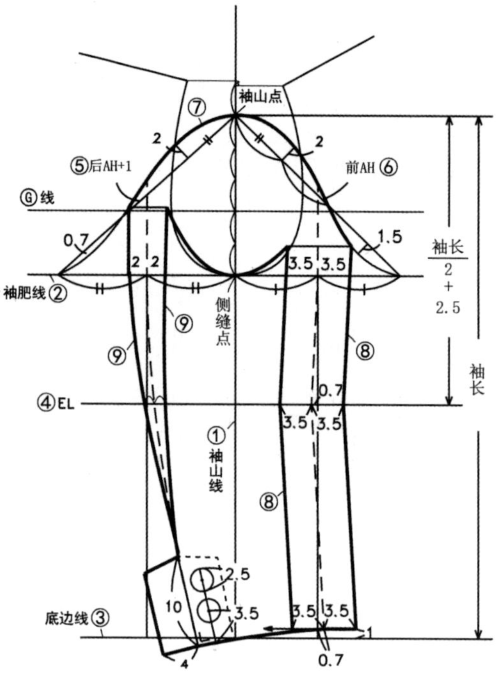

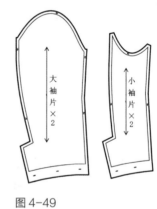

图 4-48

6. 袖子裁片图

袖子裁片图见图 4-49。

7. 领子制图

领子制图见图 4-50。

8. 领子裁片图

领子裁片图见图 4-51。

五、紧密排料图

紧密排料图见图 4-52。

图 4-49

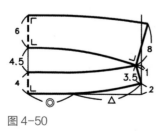

图 4-50

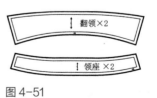

图 4-51

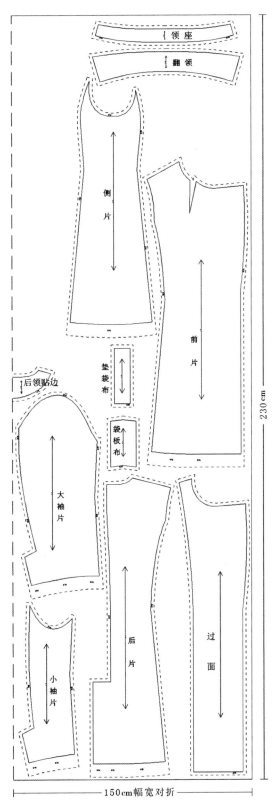

图 4-52

第四节　低腰线女式短大衣

一、款式分析

低腰线短大衣见图 4-53。

衣身廓型：低腰线，四开身，腰线以上曲面处理。

前衣片：前衣襟双排暗扣，领口收省，腋下公主线收腰处理，同时做腰省处理，侧缝插兜，各部位加适当放松量。

后衣片：后中缝收腰，腋下公主线收腰处理，各部位加适当放松量。

衣领造型：翻折领——连折领。

衣袖造型：圆装袖——弯袖、两片袖。

八分袖长、袖口开衩。

二、面料、里料和辅料

面料：幅宽 150cm，长 170cm。

里料：幅宽 130cm，长 160cm。

厚黏合衬：幅宽 90cm，长 100cm（前身、领子用）。

薄黏合衬：幅宽 90cm，长 50cm（零部件用）。

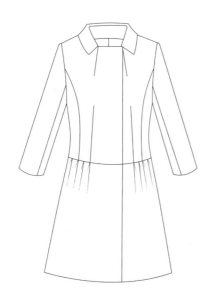
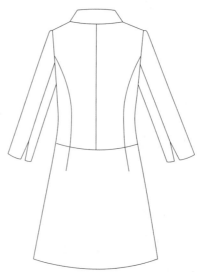

图 4-53

厚、薄兼用的黏合衬：幅宽 90cm，长 50cm。

黏合牵条：1.2cm 宽斜丝牵条，长 180cm（止口、袖窿用）。

肩垫：厚度 0.7cm，一副。

纽扣：前襟暗扣 6 副，直径 2cm。

三、规格设计与结构设计流程

1. 规格设计

低腰线短大衣各部位尺寸规格见表 4-4。

表 4-4 低腰线短大衣各部位尺寸规格

示例规格：160/84A   单位：cm

部　位	净尺寸	成品尺寸	放松量
后衣长 L（BNP ～底边）	80	80	—
胸围 B	84	101	17
腰围 W	68	82	14
臀围 H	92	117	25
胸宽	33	35	2
背宽	35	37	2
肩宽 S	39	40	1
背长	38	38	—
袖长（SP ～腕骨）	53	48	−5
袖肥	—	34	—
袖口宽（1/2）	—	13	—
前搭门宽	—	4	—
后领面宽	—	5	—
后领座宽	—	4	—
领口宽	—	6	—
袖窿底点～ BL	—	1.5	—

2. 结构设计流程

（1）准备新文化式女装新原型。

（2）根据面料的厚度、款式造型进行主要部位放松量的设计。

（3）设计成衣衣长尺寸。

（4）设计成衣胸围放松量。

（5）设计成衣腰围放松量。

（6）设计成衣臀围放松量。

（7）用原型借助方法，进行制图设计。

四、制图步骤与方法

1. 衣身制图

衣身制图见图 4-54。

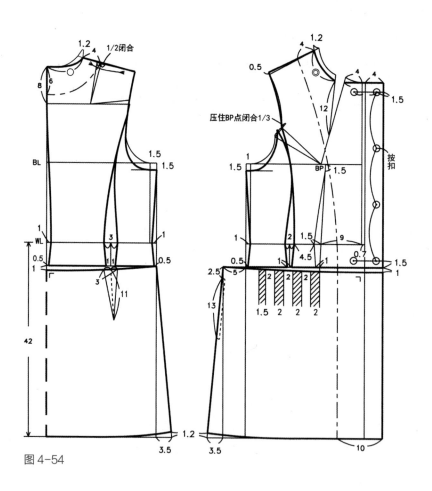

图 4-54

步骤一，原型借助，见图 4-55。

① 底边线：由 WL 线向下取 42cm，画水平线，作为底边线。

② 与前中心线平行，追加 0.7cm 作为面料的厚度量，成为新前中心线。

③ 开领弧省：前领弧线距前中心点 4cm 处剪开，原型袖窿弧省合并 1/3。

④ 后肩省：原型背宽线由后袖窿处剪开，合并肩省 1/2。

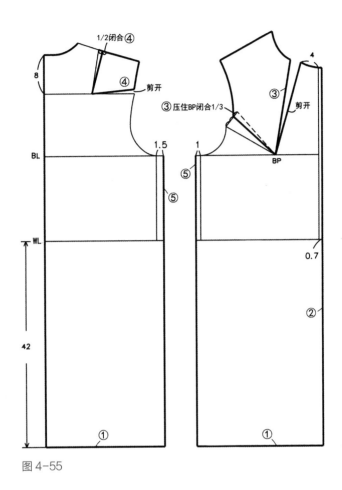

图 4-55

⑤ 前、后片宽：前、后衣身在胸围线上袖窿处分别加放松量 1cm 和 1.5cm，作垂线直到底边。

步骤二，见图 4-56。

① 前、后片领弧线：后原型肩颈点扩大 1.2cm，与后领深连接领弧线；前原型肩颈点扩大 1.2cm，前领深点画直线相交于领弧省，此点为上领点。

② 确定领弧省长度。

③ 肩线：前、后片肩端点分别向上 0.5cm，作为垫肩量。

④ 止口线：前中心线向外量取 4cm，作为止口线。

⑤ 前、后衣身袖窿弧线：原型袖窿深下降 1.5cm，与肩端点连接圆顺的弧线。

⑥ 上、下衣身分割线：由 WL 下降 5cm，作水平线。

⑦ 绘制后片中心线。

⑧ 绘制前、后片侧缝。

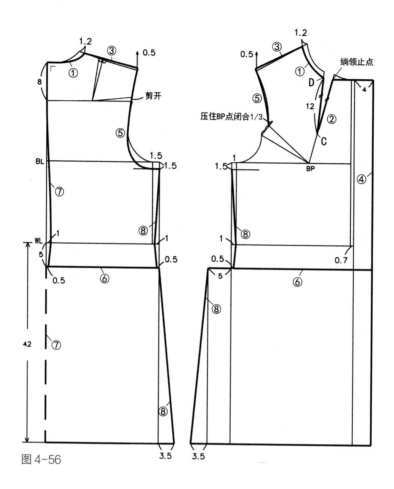

图 4-56

步骤三，见图 4-57。

① 绘制后上片刀背省结构线。

② 绘制后下片腰线。

③ 绘制前上片刀背省结构线，前侧片袖窿弧线。

④ 绘制前上片腰省。

⑤ 绘制前下片腰线。

⑥ 绘制前、后片底边线。

步骤四，见图 4-58。

① 确定后下片省位。

② 确定前下片折位。

③ 确定纽扣位置。

④ 确定兜口位置。

⑤ 绘制前、后片贴边位置。

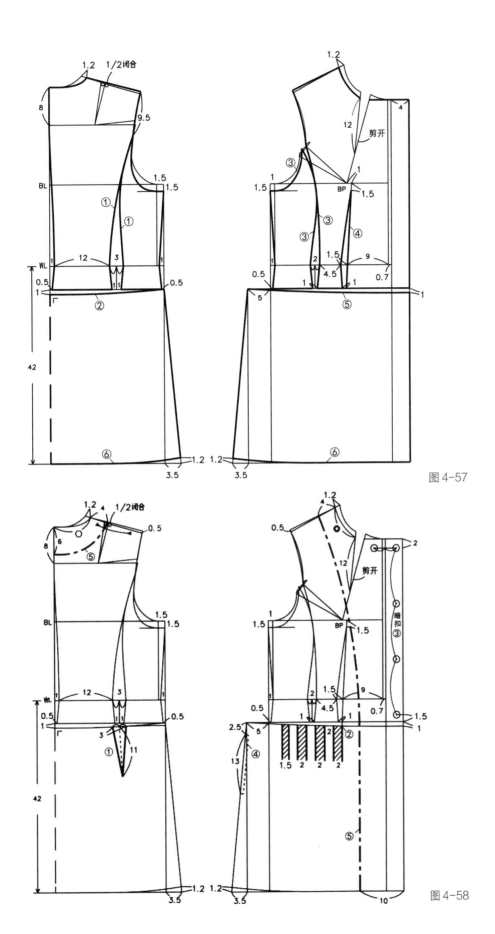

图 4-57

图 4-58

2. 前、后衣身裁片图

前、后衣身裁片图见图 4-59。

3. 前贴边纸样整理

前贴边纸样整理见图 4-60。

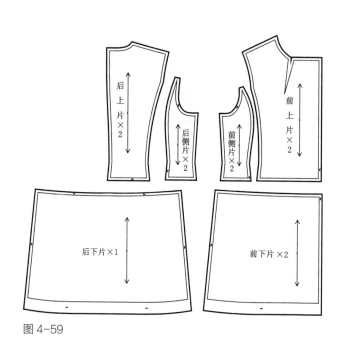

图 4-59

图 4-60

4. 贴片零料图

贴片零料图见图 4-61。

5. 领子制图

领子制图见图 4-62。

6. 领子裁片图

领子裁片图见图 4-63。

7. 袖子制图

测量前、后片 AH 长度，确定袖山高、袖肥，绘制袖弧线的辅助线，分别见图 4-64、图 4-65。

8. 袖子裁片图

袖子裁片图见图 4-66。

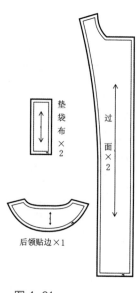

图 4-61

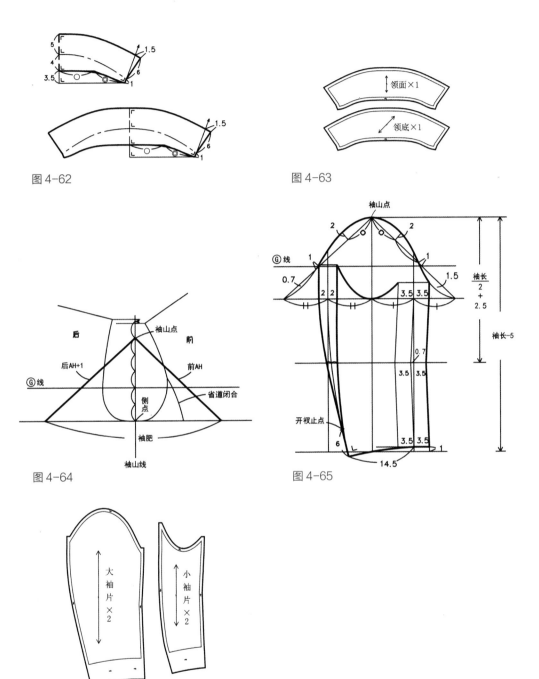

图 4-62

图 4-63

图 4-64

图 4-65

图 4-66

五、紧密排料图

紧密排料图见图 4-67。

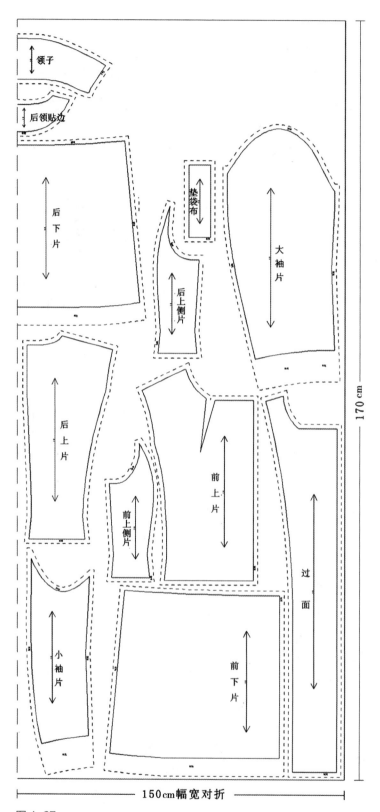

图 4-67

【思考与实践】

（1）思考束腰型女式中短大衣的衣身长度范围，各部位放松量的控制值，以及各部位之间的比例关系。

（2）绘制本章所讲授的 4 款中短大衣的比例制图（1 ： 400）。

（3）实践操作其中一款 1 ： 1 制图，做到线条清晰、结构合理、比例得当。

第五章
简身型女式大衣

【教学目标和要求】

目标：把握 H 型大衣的造型特点，注意肩部放松量的微妙变化，腰部、臀部和下摆之间的关系及这 3 个部位与服装的空间量值，呈现出 H 型大衣线条简约、廓型流畅的特色。

要求：注意本章中所介绍款式的结构设计方法，在实践过程中加以借鉴，多加练习。

【本章重点和难点】

重点：结构设计方式方法、结构线条的绘制方法。

难点：服装与人体的放松量控制、衣长尺寸的把控。

筒身型也可以称为 H 型（后文统称"H 型"），是直身型、类似箱体一样直线条的大衣，外轮廓为 H 型。筒身型大衣简洁，是近年比较流行且百搭的款式。它的特点很鲜明，首先是有突出的肩线，无论从哪个角度都可以很明显地找到肩膀的位置；其次是整体剪裁流畅，给人直上直下的感觉。

H 型大衣适合人群范围较广，对于髋部较窄的人有遮盖作用，但是对于髋大过胖的人并不适合。H 型大衣的边沿线呈现出垂直向下的感觉，所以视觉上显瘦。在这种情况下，若衣袖等其他部位稍微做一些层次感的剪裁设计，会增添整体的时尚感与活泼感。

本章中介绍的 H 型大衣，包含腰部略有收腰的款式（收腰很小，下摆撇度也很小）和腰部没有任何结构线收腰的款式，但无论是哪种，从大衣廓型来讲，都属于 H 型大衣。

第一节　高腰线女式中长大衣

一、款式分析

高腰线女式中长大衣见图 5-1。

衣身廓型：H 型，四开身，略有收腰，高腰线，腰围以上曲面处理。

前衣片：公主型结构线，兜口在结构线上，各部位加适当放松量。

后衣片：后中缝收腰，公主型结构线，各部位加适当放松量。

衣领造型：驳折领。

衣袖造型：圆装袖——弯袖、两片袖。

二、面料、里料和辅料

面料：幅宽 150cm，长 220cm。

里料：幅宽 130cm，长 210cm。

厚黏合衬：幅宽 90cm，100cm（前身、领子用）。

薄黏合衬：幅宽 90cm，长 60cm（零部件用）。

厚、薄兼用的黏合衬：幅宽 90cm，长 60cm。

黏合牵条：1.2cm 宽斜丝牵条，长 200cm（止口、袖窿用）。

肩垫：厚度 0.7cm，一副。

纽扣：前襟 3 个，直径 2.5cm。

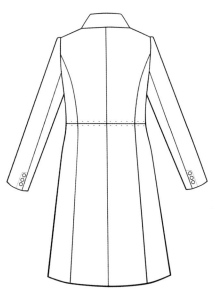

图 5-1

三、规格设计与结构设计流程

1. 规格设计

高腰线女式中长大衣各部位尺寸规格见表 5-1。

表 5-1　高腰线女式中长大衣各部位尺寸规格

示例规格：160/84A　　　　　　　　　　　　　　　　　　　　　　　单位：cm

部　位	净尺寸	成品尺寸	放松量
后衣长 L（BNP～底边）	88	88	—
胸围 B	84	100	16
腰围 W	68	80	12
臀围 H	92	106	14
胸宽	33	35	2
背宽	35	37	2
肩宽 S	39	40	1
背长	38	38	—
袖长（SP～腕骨）	53	56	3
袖肥	—	34	—
袖口宽（1/2）	—	13.5	—
前搭门宽	—	2.5	—
领面宽	—	5	—
领座宽	—	2.5	—
领口宽	—	4	—
袖窿底点～BL	—	2	—

2. 结构设计流程

（1）准备新文化式女装新原型。

（2）根据面料的厚度、款式造型进行主要部位放松量的设计。

（3）设计成衣衣长尺寸。

（4）设计成衣胸围放松量。

（5）设计成衣腰围放松量。

（6）设计成衣臀围放松量。

（7）用原型借助方法，进行制图设计。

四、制图步骤与方法

1. 衣身制图

衣身制图见图 5-2。

步骤一，原型借助。（图略）

将前、后原型摆在同一水平线上。

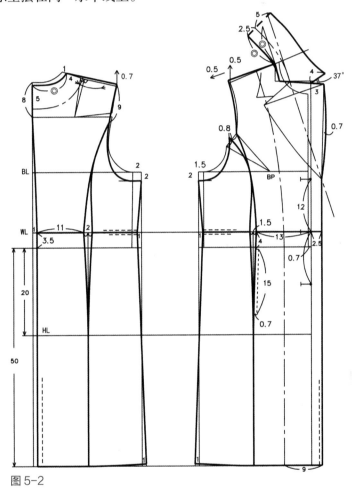

图 5-2

步骤二，绘制制图基础线，见图 5-3。

① 与前中心线平行，追加 0.7cm 作为面料的厚度量，成为新前中心线。

② 底边线：由 WL 线向下取 50cm，画水平线，作为底边线。

③ 臀围线（HL）：从腰围线（WL）向下取 20cm 画水平线，成为臀围线。

④ 前、后衣身领弧线：后原型肩颈点（SNP）扩大 1cm，与后领深连接领弧线；前原型肩颈点扩大 1cm，向下作 4cm 垂线，画水平线相交于前中心线。

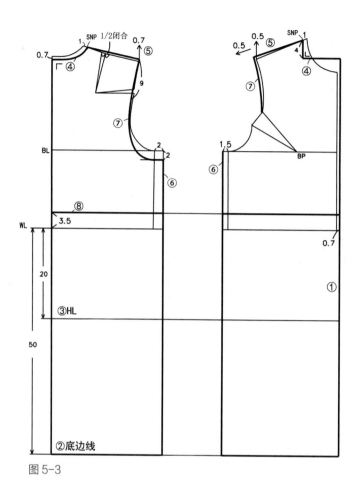

图 5-3

⑤ 肩线：在后肩端点追加 0.7cm 作为垫肩量，与新肩颈点连接为后肩线；前肩端点分别向上、外追加 0.5cm，与前肩颈点连接为前肩线。

⑥ 前、后衣身在胸围线上袖窿处分别加放松量 1.5cm、2cm。

⑦ 绘制前、后衣身袖窿弧线。

⑧ 收腰线：由 WL 向上 3.5cm。

步骤三，见图 5-4。

① 绘制后中心线。

② 止口线：搭门宽 2.5cm。

③ 确定前、后衣片结构线的位置。

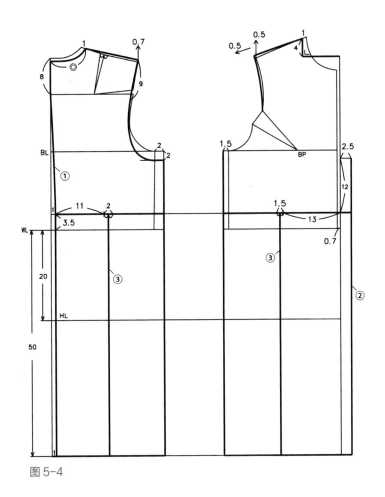

图 5-4

步骤四，见图 5-5。

① 确定后片结构线。

② 确定前片结构线。

③ 绘制驳口线。

④ 绘制领口线。

⑤ 设计驳头宽。

⑥ 设计倒伏量，确定绱领线位置。

步骤五，见图 5-6。

① 领子绘制完整（参考领子制图部分）。

② 确定袋口位置。

③ 确定扣眼、纽扣位置。

④ 确定前贴边位置。

⑤ 确定后贴边位置。

2. 衣身裁片图

衣身裁片图见图5-7。

3. 贴边、零料裁片图

贴边、零料裁片图见图5-8。

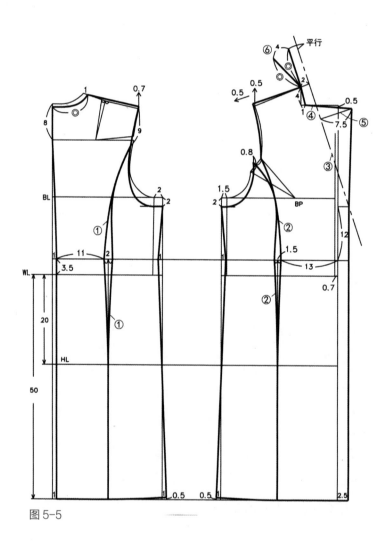

图5-5

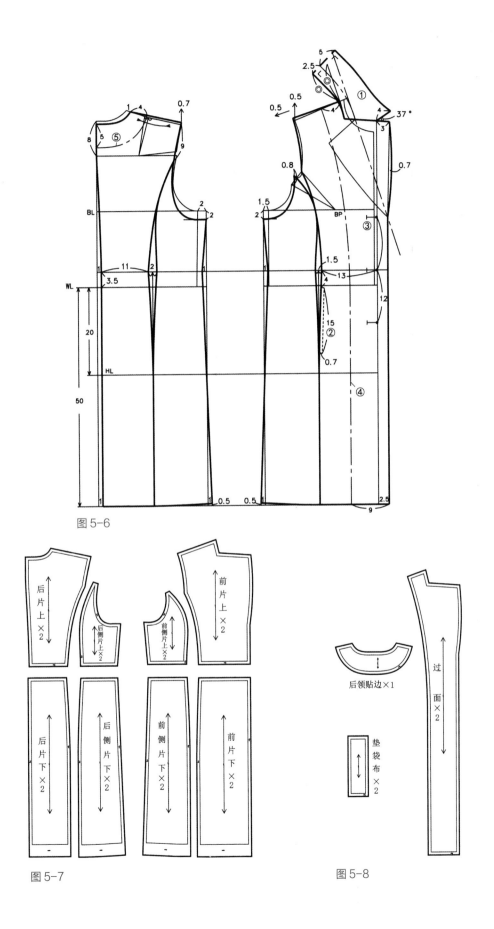

图 5-6

图 5-7

图 5-8

4.袖子制图

步骤一，测量衣身袖窿（AH）的长度和深度，深度大小决定袖山的高度，见图5-9。

步骤二，绘制袖子结构线，见图5-10。

5.袖子裁片图

袖子裁片图见图5-11。

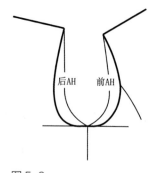

图5-9

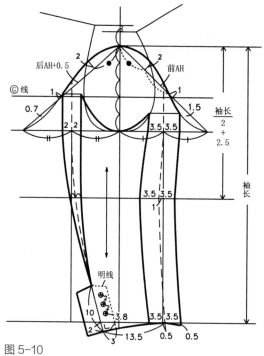

图5-10

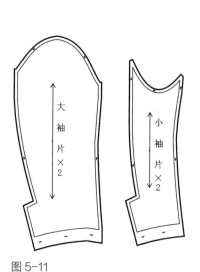

图5-11

6.领子制图

领子制图见图5-12。

步骤一，见图5-13。

① 领宽点扩大1cm，由此点向下领深4cm，画水平线。

② 确定翻折线位置。

步骤二，见图5-14。

① 绘制领口线。

② 设计领子角度，倒伏尺寸4cm。

步骤三，见图5-15。

① 设计驳头宽7.5cm。

② 画领子中心线，设计领座2.5cm、领面5cm。

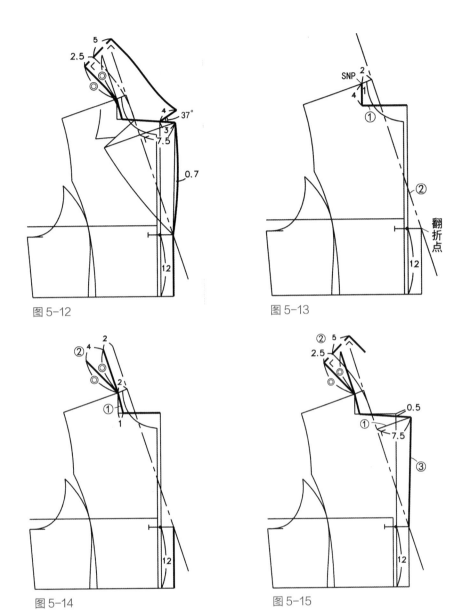

图 5-12

图 5-13

图 5-14

图 5-15

③ 绘制驳头止口辅助线。

步骤四，见图 5-16。

① 量取 3cm 驳嘴宽。

② 设计前领宽角度。

③ 量取 4cm 为前领宽。

④ 流畅连接领外口线。

⑤ 将绱领线和翻领线修正为圆顺的弧线。

⑥ 绘制驳头止口线。

7. 领子裁片图

领子裁片图见图 5-17。

五、紧密排料图

紧密排料图见图 5-18。

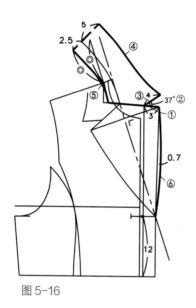

图 5-16

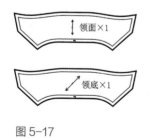

图 5-17

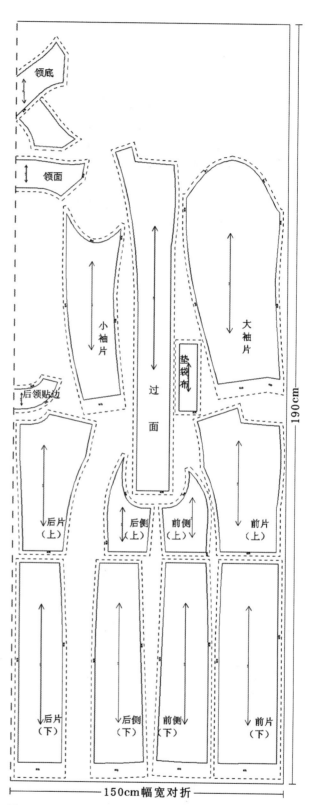

图 5-18

第二节　立领女式短大衣

一、款式分析

立领女式短大衣见图 5-19。

衣身廓型：H 型，四开身。

前衣片：前胸横线开剪，在结构线上收胸省，侧缝插兜，各部位加适当放松量。

后衣片：后背宽处开剪，后中线做收腰。

衣领造型：立领——前领口双排扣搭门。

衣袖造型：圆装袖——弯袖、两片袖。

二、面料、里料和辅料

面料：140cm 幅宽，长 220cm。

里料：130cm 幅宽，长 210cm。

厚黏合衬：90cm 幅宽，长 100cm（前身、领子用）。

薄黏合衬：90cm 幅宽，长 60cm（零部件用）。

厚、薄兼用的黏合衬：90cm 幅宽，长 60cm。

黏合牵条：1.2cm 宽斜丝牵条，长 280cm（止口、袖窿用）。

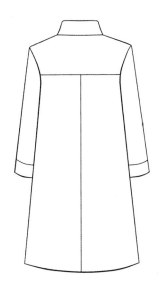

图 5-19

肩垫：厚度 0.7cm，一副。

纽扣：前襟 5 个，直径 2.5cm。

三、规格设计与结构设计流程

1. 规格设计

立领女式短大衣各部位尺寸规格见表 5-2。

表 5-2　立领女式短大衣各部位尺寸规格

示例规格：160/84A　　　　　　　　　　　　　　　　　　　　　　　　　　　　单位：cm

部　位	净尺寸	成品尺寸	放松量
后衣长 L（BNP～底边）	102	102	—
胸围 B	84	100	16
腰围 W	68	80	12
臀围 H	92	106	14
胸宽	33	35	2
背宽	35	37	2
肩宽 S	39	40	1
背长	38	38	—
袖长（SP～腕骨）	53	56	3
袖肥	—	34	—
后袖口宽	—	17	—
前袖口宽	—	14.5	—
后领面宽	—	—	—
后领座高	—	8	—
领口宽	—	8	—
袖隆底点～BL	—	1.5	—

2. 结构设计流程

（1）准备文化式女装旧原型（文化式女装第七代原型）。

（2）根据面料的厚度、款式造型进行主要部位放松量的设计。

（3）设计成衣衣长尺寸。

（4）设计成衣胸围放松量。

（5）设计成衣腰围放松量。

（6）设计成衣臀围放松量。

（7）用原型借助方法，进行制图设计。

四、制图步骤与方法

1. 前、后衣身制图

前、后衣身制图见图 5-20。

步骤一，准备文化式女装第七代原型。

本书在详细介绍文化式女装新原型的同时，也对第七代原型的应用方法进行了阐述。

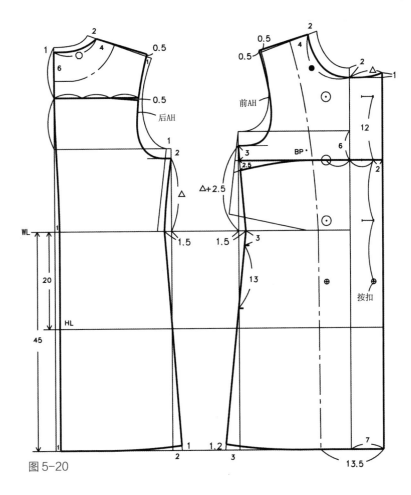

图 5-20

第七代原型对于侧缝处省道转移是非常便捷的。在使用第七代原型时，前、后片的腰线要在同一条水平线上，见图 5-21。

步骤二，见图 5-22。

① 绘制底边线。

② 绘制臀围线（HL）。

③ 绘制后领弧线。

④ 后肩线：肩端点进 1cm，上翘 0.5cm。

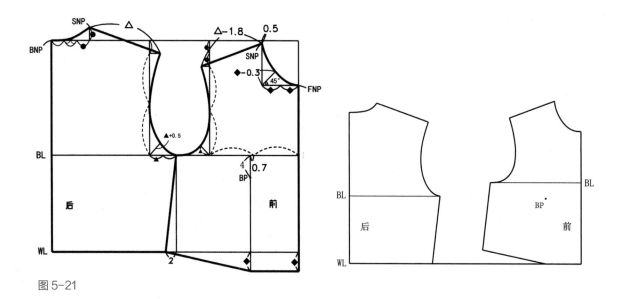

图 5-21

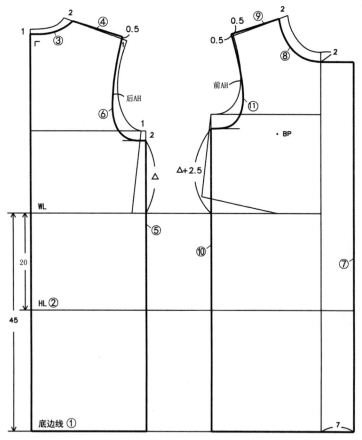

图 5-22

⑤后片侧缝线：原型加放松量 2cm。

⑥绘制后片袖窿弧线。

⑦绘制前中心线。

⑧绘制前领弧线。

⑨前肩线：肩端点扩大 0.5cm，上翘 0.5cm。

⑩前片侧缝线：与原型宽度相等。

⑪前片袖窿弧线。

步骤三，见图 5-23。

①后片中心线。

②后片侧缝线。

③后片底边线。

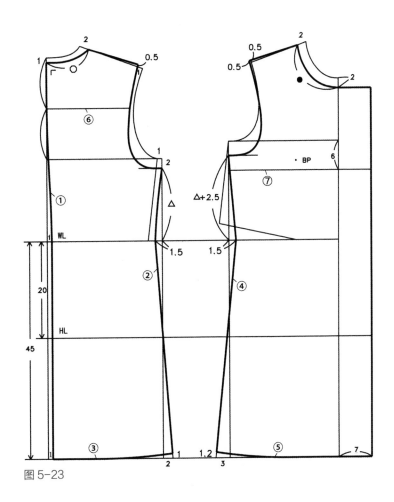

图 5-23

④ 前片侧缝线。

⑤ 前片底边线。

⑥ 后片开剪辅助线。

⑦ 前片开剪辅助线。

步骤四，见图 5-24。

① 后片开剪结构线。

② 前片开剪结构线。

③ 绘制绱领口弧线。

④ 确定后贴边位置。

⑤ 确定前贴边位置。

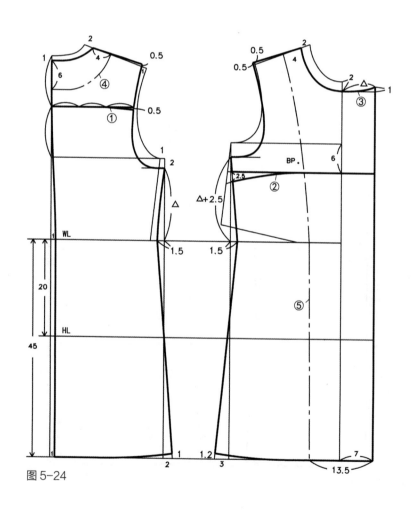

图 5-24

步骤五，见图 5-25。

① 确定兜口位置。

② 确定扣眼、纽扣位置。

2. 前、后衣身裁片图

前、后衣身裁片图见图 5-26。

3. 零料裁片图

零料裁片图见图 5-27。

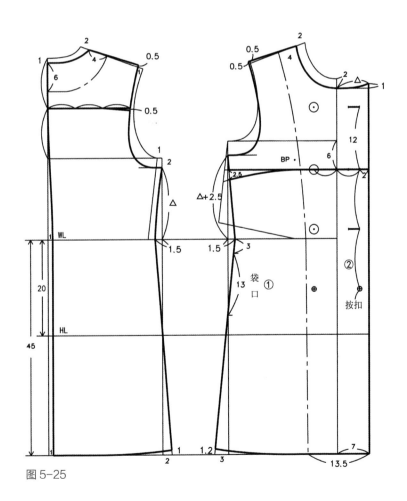

图 5-25

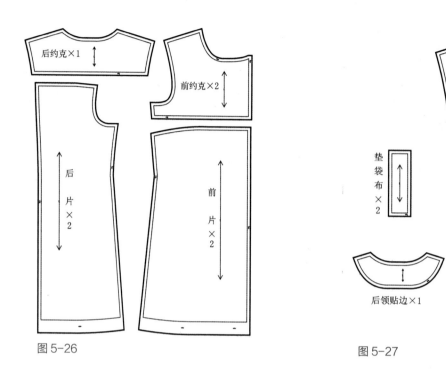

图 5-26 图 5-27

4. 袖子制图

首先测量出 AH 尺寸（前、后衣身的袖窿弧长度），见图 5-28。

（1）画出袖山高 17.5cm，形成袖顶点。

（2）由袖顶点向下量取袖长 +2cm，画出底边线，与袖窿深线平行。

（3）画出 EL 线：由袖窿深线向下画 14cm。

（4）由袖顶点向后袖窿深线画后 AH+0.7，相交于后袖窿深线。

（5）由袖顶点向前袖窿深线画后 AH，相交于前袖窿深线。

（6）画出袖山弧线。

（7）画内、外袖缝。

5. 袖子结构裁片图

袖子结构裁片图见图 5-29。

6. 领子制图

领子制图见图 5-30。

（1）画出基准线。

（2）画出领中线，垂直于基准线。

（3）由基准线向上 8cm，画出领宽线。

（4）画出领子底边弧线。

（5）画出领口宽 8cm。

（6）连接领外轮廓。

7. 领子裁法图

领子裁法图见图 5-31。

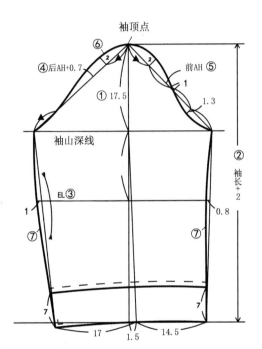

图 5-28

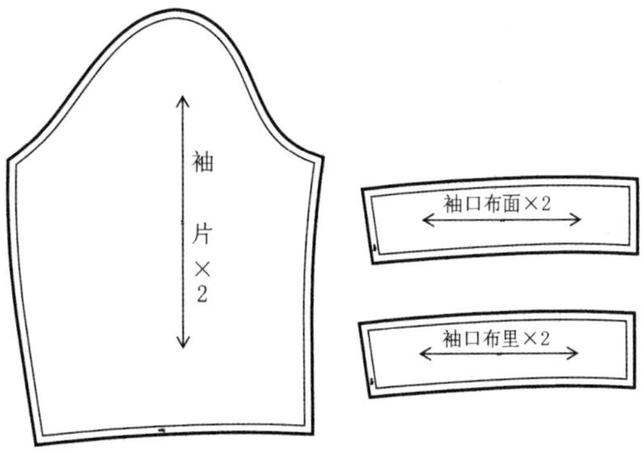

图 5-29

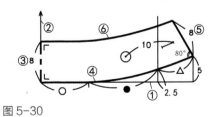

图 5-30

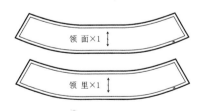

图 5-31

五、紧密排料图

紧密排料图见图 5-32。

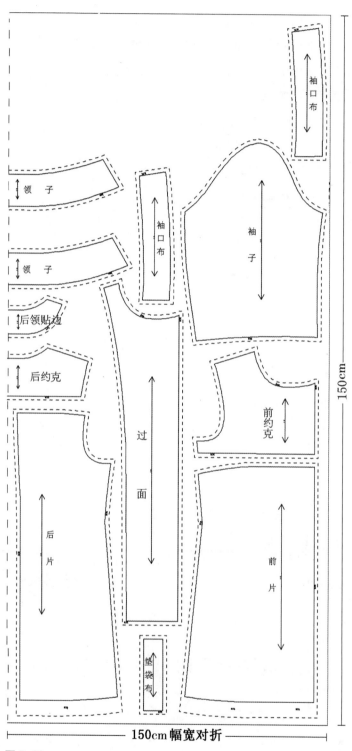

图 5-32

第三节 连帽牛角扣女式短大衣

一、款式分析

这款大衣（图5-33）适合用粗纺呢面料制作，搭配连帽、覆肩及贴袋、牛角扣等，偏英伦学院风，是具有青春朝气的一款大衣版型，而且不挑身材，适合20岁左右的女士穿着。

衣身廓型：H型，直线条处理，无明显腰身。

大衣前、后身公主型结构线开剪，四片身，前、后肩部做覆肩布，既保暖，又具有极好的装饰性。

衣领造型：连帽领。

衣袖造型：圆装袖——弯袖、两片袖。

口袋：明兜——贴袋，有兜盖，与覆肩形成呼应，有很好的装饰效果。

二、面料、里料和辅料

面料：140cm幅宽，长280cm。

里料：130cm幅宽，长280cm。

厚黏合衬：90cm幅宽，长130cm（前身用）。

薄黏合衬：90cm幅宽，长100cm（零部件用）。

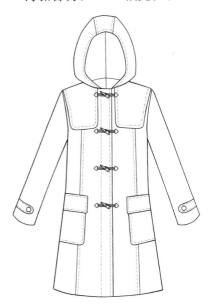
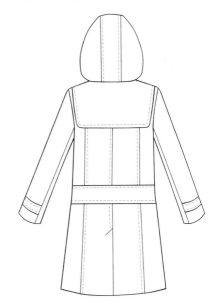

图5-33

厚、薄兼用的黏合衬：90cm 幅宽，长 200cm。

黏合牵条：1.2cm 宽斜丝牵条，长 280cm（止口、袖窿使用）。

肩垫：厚度 0.7cm，一副。

纽扣：前门襟牛角扣 4 套，暗扣 5 副，袖袢扣 2 粒。

三、规格设计与结构设计流程

1. 规格设计

连帽牛角扣女式短大衣各部位尺寸规格见表 5-3。

表 5-3　连帽牛角扣女式短大衣各部位尺寸规格

示例规格：160/84A　　　　　　　　　　　　　　　　　　　　　　单位：cm

部　位	净尺寸	成品尺寸	放松量
后衣长 L（BNP～底边）	88	88	—
胸围 B	84	100	16
腰围 W	68	80	12
臀围 H	92	106	14
胸宽	33	35	2
背宽	35	37	2
肩宽 S	39	40	1
背长	38	38	—
袖长（SP～腕骨）	53	56	3
袖肥	—	36	—
袖口宽（1/2）	—	14	—
前搭门宽	—	3.5	—
后领面宽	—	—	—
后领座宽	—	—	—
领口宽	—	—	—
袖窿底点～BL	—	1.5	—

2. 结构设计流程

（1）准备文化式女装旧原型（文化式女装第七代原型）。

（2）根据面料的厚度、款式造型进行主要部位放松量的设计。

（3）设计成衣衣长尺寸。

（4）设计成衣胸围放松量。

（5）设计成衣腰围放松量。

（6）设计成衣臀围放松量。

（7）用原型借助方法，进行制图设计。

四、制图步骤与方法

1. 衣身制图

衣身制图见图5-34。

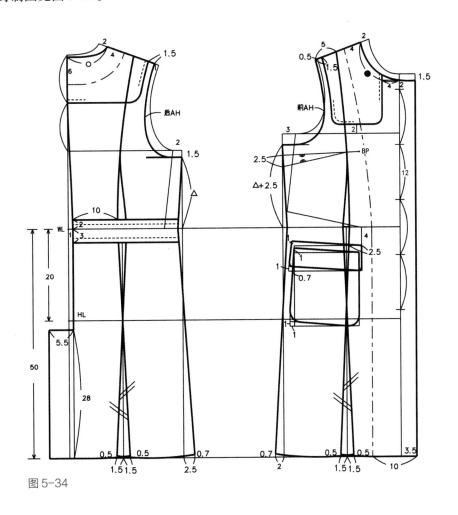

图5-34

步骤一，准备文化式女装第七代原型。

本书在详细介绍文化式女装新原型的同时，也对第七代原型的应用方法进行了阐述。第七代原型对于侧缝处省道转移是非常便捷的。在使用第七代原型时，前、后片的腰线要在同一条水平线上，见图5-35。

步骤二，见图5-36。

①底边线。

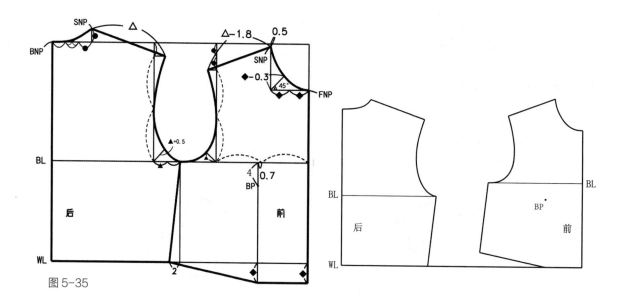

图 5-35

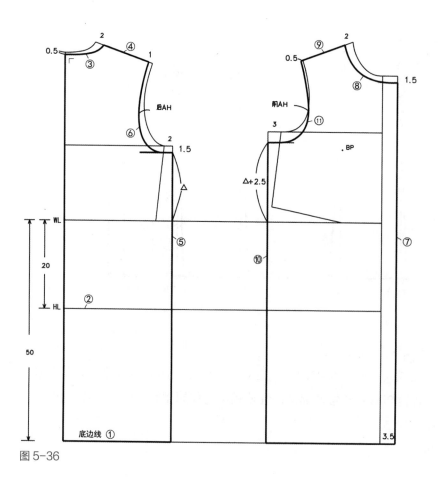

图 5-36

② 臀围线（HL）。

③ 后领弧线。

④ 后肩线：肩端点进 1cm，上翘 0.5cm。

⑤ 后片侧缝线：原型加放松量 2cm。

⑥ 后片袖窿弧线。

⑦ 止口线：中心线向外 3.5cm，画平行线。

⑧ 前领弧线。

⑨ 前肩线：肩端点扩大 0.5cm，上翘 0.5cm。

⑩ 前片侧缝线：与原型宽度相等。

⑪ 前片袖窿弧线。

步骤三，见图 5-37。

① 后片中心线。

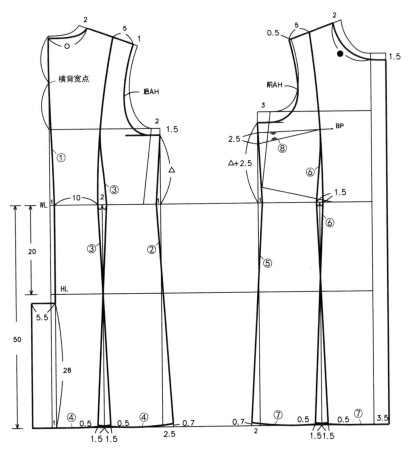

图 5-37

②后片侧缝线。

③后片底边线。

④前片侧缝线。

⑤前片底边线。

⑥后片开剪辅助线。

⑦前片开剪辅助线。

步骤四，见图5-38。

①绘制后覆肩。

②绘制前覆肩。

③确定后腰装饰布位置。

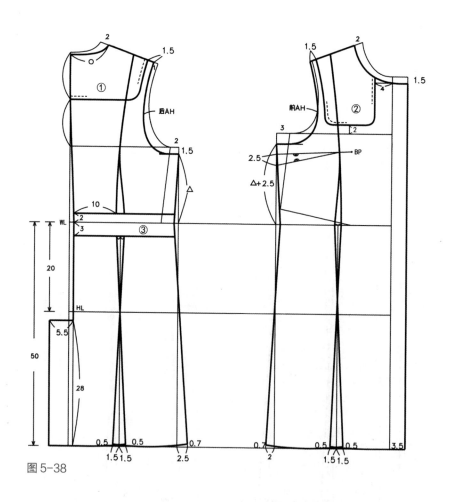

图5-38

步骤五，见图 5-39。

① 设计口袋位置。

② 设计扣子位置。

③ 确定前贴边位置。

④ 确定后贴边位置。

2. 前片纸样整理

前片纸样整理见图 5-40。

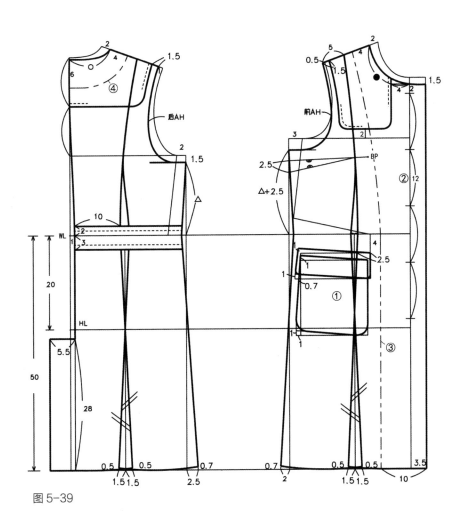

图 5-39

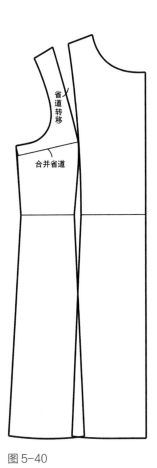

图 5-40

3. 后覆肩制图

基于面料的厚度与伸展活动的需要，后覆肩中心线与肩线均大于衣片 0.3cm，见图 5-41。

4. 口袋制图

口袋制图见图 5-42。

5. 衣身裁片图

衣身裁片图见图 5-43。

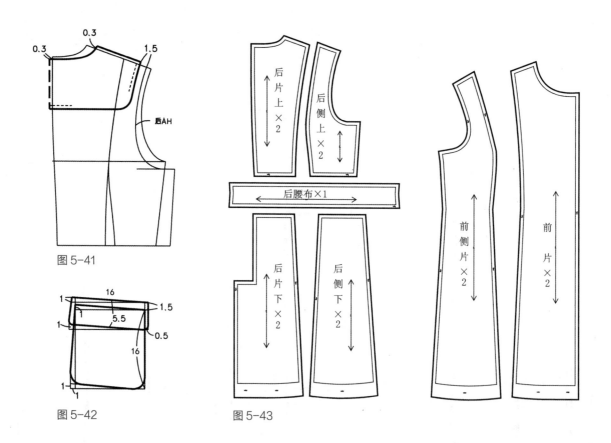

图 5-41

图 5-42　　图 5-43

6. 袖子制图

首先测量出 AH 尺寸（前、后衣身的袖窿弧长度），见图 5-44。

（1）画出相互垂直的两条基础线。

（2）画出袖山高 18cm，形成袖顶点。

（3）由袖顶点向下量取袖长 56cm，画出底边线，与袖窿深线平行。

（4）画出 EL 线，右袖窿深线向下 14cm。

（5）由袖顶点向后袖山深线画后 AH+1，相交于后袖山深线。

（6）由袖顶点向前袖山深线画前 AH+0.5，相交于前袖窿深线。

（7）画出袖山弧线。

（8）做两片袖处理。

7. 袖子裁片图

袖子裁片图见图 5-45。

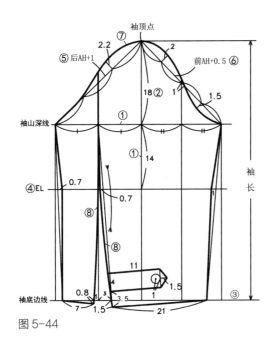

图 5-44

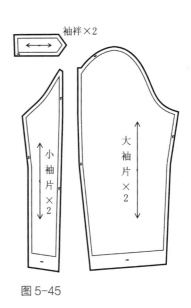

图 5-45

8. 帽子制图

帽子制图见图 5-46。

9. 帽子裁片图

帽子裁片图见图 5-47。

10. 衣身零料制图

衣身零料制图见图 5-48。

五、紧密排料图

紧密排料图见图 5-49。

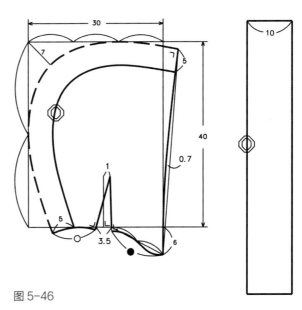

图 5-46

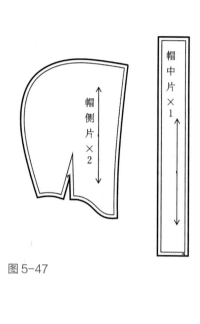

图 5-47

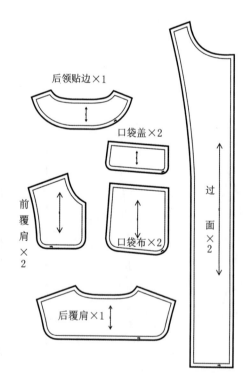

图 5-48

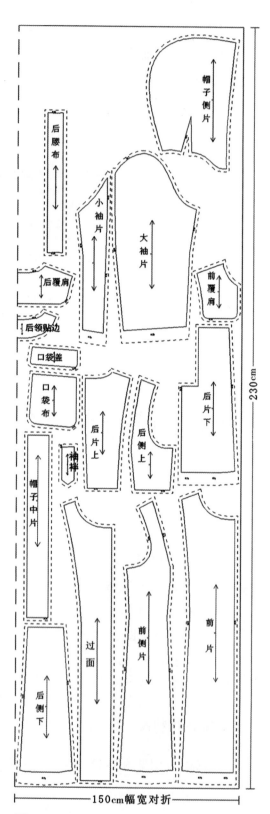

图 5-49

第四节　无领连肩袖女式短大衣

一、款式分析

无领连肩袖女式短大衣见图 5-50。

衣身廓型：圆筒形，四开身。圆筒形也称茧型或 O 型，这款大衣没有明显的肩线，对于肩膀和手臂粗的人群是很好的选择。本书把它并入筒型大衣类别。

前衣片：腋下开剪线，在结构线上做插兜，各部位加适当放松量，前襟单排暗扣。

后衣片：腋下开剪线，后腰横向分割线，后腰有活腰襻装饰，各部位加适当放松量。

衣领造型：无领。

衣袖造型：连肩袖、四片袖。

二、面料、里料和辅料

面料：幅宽 150cm，长 180cm。

里料：幅宽 130cm，长 170cm。

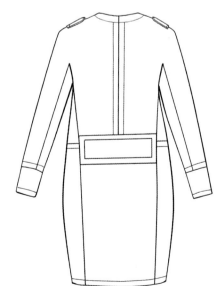

图 5-50

厚黏合衬：幅宽90cm，100cm（前身、领子用）。

薄黏合衬：幅宽90cm，长50cm（零部件用）。

厚、薄兼用的黏合衬：幅宽90cm，长50cm。

黏合牵条：1.2cm宽斜丝牵条，长180cm（止口、袖窿用）。

肩垫：厚度0.7cm，一副。

纽扣：前襟暗扣5粒，直径2cm。

三、规格设计与结构设计流程

1. 规格设计

无领连肩袖女式短大衣各部位尺寸规格见表5-4。

表5-4 无领连肩袖女式短大衣各部位尺寸规格

示例规格：160/84A   单位：cm

部 位	净尺寸	成品尺寸	放松量
后衣长L（BNP～底边）	85	85	—
胸围B	84	102	18
腰围W	68	105	37
臀围H	92	110	18
胸宽	33	35	2
背宽	35	37	2
肩宽S	39	40	1
背长	38	38	—
袖长（SP～腕骨）	53	56	3
袖肥	—	37	—
后袖口宽	—	15	—
前袖口宽	—	13.5	—
后领面宽	—	—	—
后领座宽	—	—	—
前搭门宽	—	2.5	—
袖窿底点～BL	—	1.5	—

2. 结构设计流程

（1）准备新文化式女装新原型。

（2）根据面料的厚度、款式造型进行主要部位放松量的设计。

（3）设计成衣衣长尺寸。

（4）设计成衣胸围放松量。

（5）设计成衣腰围放松量。

（6）设计成衣臀围放松量。

（7）用原型借助方法，进行制图设计。

四、制图步骤与方法

1. 后衣身制图

后衣身制图见图5-51。

步骤一，准备文化式女装新原型。

步骤二，绘制基础线，见图5-52。

① 新胸围宽的设计：胸围在袖窿处加2cm放松量。

② 衣长的设计：后中心线从WL向下取43cm，画水平线作为底边线。

③ 臀围线：后中心线从WL线向下取20cm，画水平线，为腰围线。

④ 后肩线设计：领宽扩1.5cm，肩省合并1/2省量。

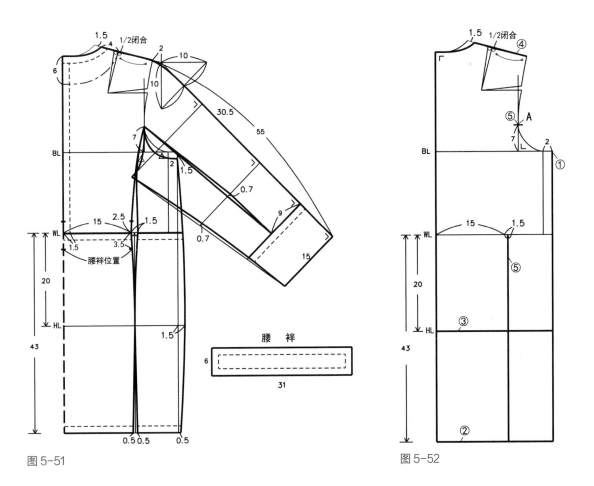

图5-51　　　　　　　　　　　　　　　　　　　　　图5-52

⑤ 衣身省道开剪位置及袖子开剪位置设计：在胸围线上垂直画出背宽线，并向上取7cm定点A。

步骤三，后衣身结构设计，见图5-53。

① 绘制刀背省结构线。

② 绘制侧缝线：沿胸围线端点向下取1.5cm定点B，臀围线加放量1.5cm定点C，底边加放量0.5cm定点D。用弧线连接B点、C点、D点。

③ 绘制后侧片袖窿弧线：用圆顺弧线连接A点、B点。

④ 设计袖子角度及长度：由肩端点延长2cm，以此点为顶点画出边长为10cm的等腰直角三角形，底边1/2点与顶点连接直线，然后从肩端点沿此线量取袖长55cm。

⑤ 设计袖口尺寸：以袖外线为直角边画垂直线，在该线上取15cm为袖口尺寸。

步骤四，后袖结构设计，见图5-54。

① 设计袖山高：从肩端点延袖外线量取袖长13cm定点F。

② 绘制袖山深线：以袖外线为直角边，由点F垂直画线，为袖山深线。

③ 绘制后袖片开剪辅助线。

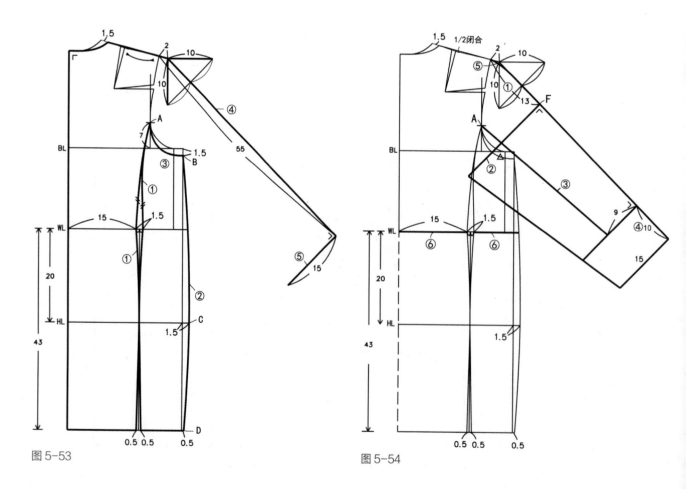

图5-53 　　　　　　　　　　图5-54

④ 设计袖头尺寸高 10cm。

⑤ 肩端部位连接圆顺弧线。

⑥ 确定腰围线为后衣身上、下片分割的位置。

步骤五，袖子轮廓线，见图 5-55。

① 设计袖肘线（EL）位置：由肩端点沿袖外线量取 30.5cm。

② 绘制后袖侧片袖山弧线：由 A 点起画弧线相交于袖山深线定点 H，使之与侧片袖窿弧线相等。

③ 绘制袖子内袖缝线：由 H 点过 EL 线上 0.7cm 连接到 S 点。

④ 绘制后袖开剪线。

⑤ 设计后腰袢位置。

2. 后衣身裁片图

后衣身裁片图见图 5-56。

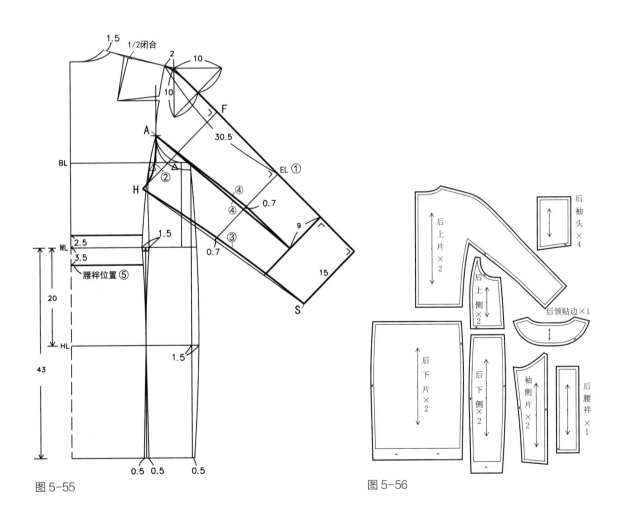

图 5-55　　　　　　　　　　　　　图 5-56

3. 前衣身制图

前衣身制图见图 5-57。

步骤一，准备文化式女装新原型。

步骤二，见图 5-58。

① 衣长的设计：WL 向下 43cm。

② 绘制前中心线。

③ 前胸围量与原型胸围量相同。

④ 臀围线：WL 向下 20cm。

⑤ 原型袖窿省闭合 1/2，刀背省起点。

⑥ 衣身省道开剪位置。

⑦ 绘制领弧线。

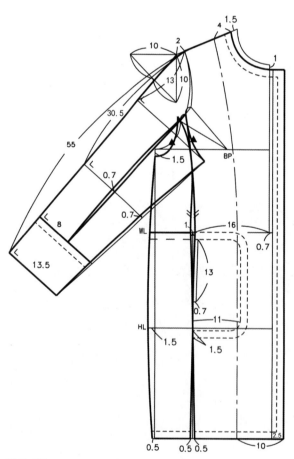

图 5-57

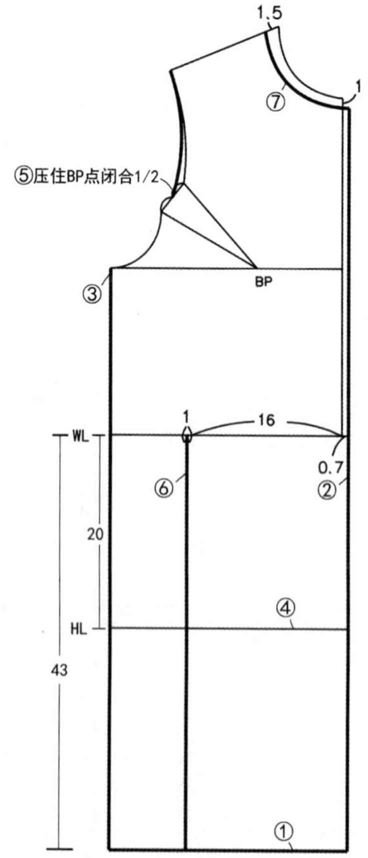

图 5-58

步骤三，前片结构设计，见图 5-59。

① 绘制刀背省结构线。

② 绘制侧缝线。

③ 绘制前侧片袖窿弧线：沿胸围线端点向下取 1.5cm 定点 B，用圆顺弧线连接 S′ 点到 B 点。

④ 设计袖子角度及长度：由肩端点延长 2cm，以此点为顶点画出边长为 10cm 的等腰直角三角形，底边 1/2 点与顶点连接直线，然后从肩端点沿此线量取袖长 55cm。

⑤ 设计袖口尺寸。

步骤四，前袖结构设计，见图 5-60。

① 设计袖山高：肩端点向下 13cm，确定点 A。

② 绘制袖肥线。

③ 绘制后袖片开剪辅助线。

④ 设计袖头宽。

⑤ 肩端部位连接圆顺弧线。

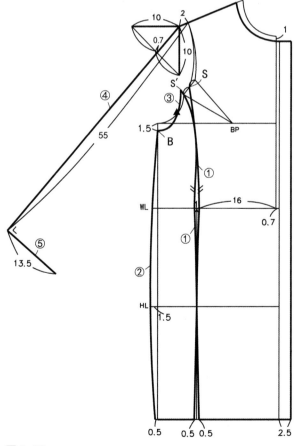

图 5-59

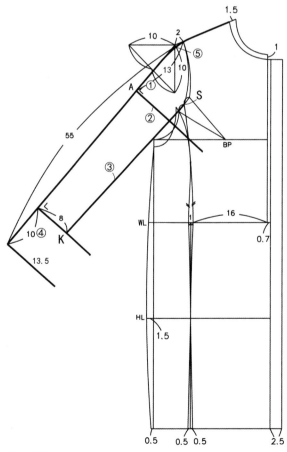

图 5-60

步骤五，前袖轮廓线，见图 5-61。

① 设计 EL 线位置。

② 绘制后袖侧片袖山弧线。使之与侧片袖窿弧线相等，并相交于袖山高线。

③ 绘制袖子内袖缝线。

④ 绘制后袖开剪线。

⑤ 设计口袋位置。

4. 前衣身结构分解图

前衣身结构分解图见图 5-62。

五、紧密排料图

紧密排料图见图 5-63。

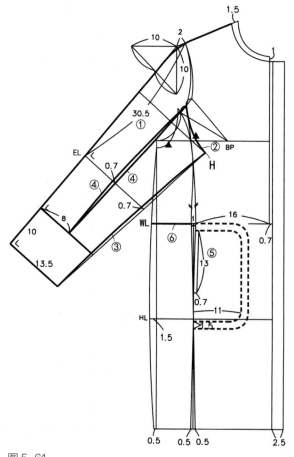

图 5-61

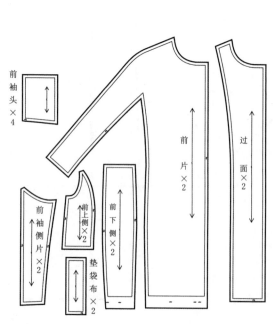

图 5-62

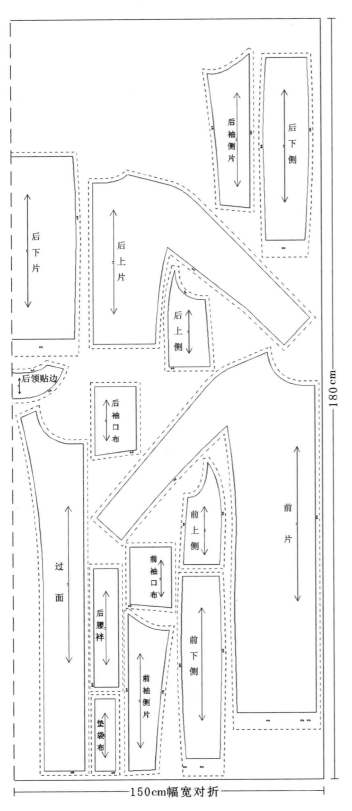

后袖侧片

后下侧

后下片

后上片

后上侧

后领贴边

后袖口布

过面

后腰襻

前上侧

前片

前袖口布

垫袋布

前袖侧片

前下侧

150cm幅宽对折

180cm

图 5-63

【思考与实践】

（1）思考简身型女式大衣的放量数值，以及肩、胸、腰、臀各部位的结构线走势。

（2）重点练习连肩袖的制图方法。

（3）绘制本章所讲授的 4 款大衣的比例制图（1：400）。

（4）实践操作其中一款 1：1 制图，做到线条清晰、结构合理、比例得当。

第六章
宽身型女式大衣

【教学目标和要求】

目标：

（1）通过实践掌握宽身型大衣与人体适合的空间量值，处理好肩部、胸围、腰围，以及下摆围度的放量与各部位之间的平衡关系，使大衣的整体造型得体优美。

（2）宽身型制版常用四开身，三开身的版型设计也很适合宽身型的特点与廓型需要，因此本章的重要目标就是对三开身制版的实践与训练。

（3）插肩袖的制图方式方法也是本章重要的研究目标。

要求：通过制图训练与实践，熟练掌握插肩袖制图和三开身制图的要领，对宽身型大衣整体造型能严格把控，使各部位比例适当。

【本章重点和难点】

重点：插肩袖的制板与缝制。

难点：缝制时需要注意面料松紧吃势的把控。

宽身型大衣也可称为 A 型大衣，分为短版、中版和长版。它跟 H 型大衣一样基本都是箱体廓型，不同的是大衣下摆比上围宽，并且没有任何收腰处理。这样的设计可以反衬出腿部的纤细，而版型的长短可以根据个体的身高体型来挑选。

宽身型大衣整体造型上窄下宽，可以修饰肩部，显示出女性的柔美，插肩袖的设计形成自然的肩部轮廓，胸围以下做宽身廓型，放松量较大。这样的造型很适合身材修长的女士，衬托出高挑、干练的形象，更加凸显气质。但由于没有明显的腰线，因此这款大衣宽大的下摆显得拖沓，不适合身材较矮小的女士穿着。

第一节　宽松式贴袋女式长大衣

一、款式分析

宽松式贴袋女式长大衣见图 6-1。

衣身廓型：A 型，直线条处理。

衣身结构：三片身，宽松三开身结构可以较好地修饰体型。

衣领造型：翻折领，方型领口。

衣袖造型：圆装袖——弯袖、两片袖。

口袋：贴袋，有兜盖。

二、面料、里料和辅料

面料：幅宽 150cm，长 230cm。

里料：幅宽 130cm，长 200cm。

厚黏合衬：幅宽 90cm，长 150cm（前身用）。

薄黏合衬：幅宽 90cm，长 110cm（零部件用）。

黏合牵条：1.2cm 宽斜丝牵条，长 280cm（止口、袖窿用）。

肩垫：厚度 0.7cm，一副。

纽扣：直径 2.5cm，5 个。

垫扣：5 个。

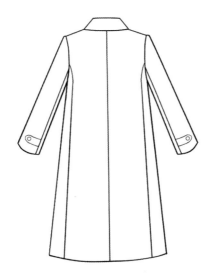

图 6-1

三、规格设计与结构设计流程

1. 规格设计

宽松式贴袋女式长大衣各部位尺寸规格见表 6-1。

表 6-1　宽松式贴袋女式长大衣各部位尺寸规格

示例规格：160/84A　　　　　　　　　　　　　　　　　　　　　　　　　　　单位：cm

部　位	净尺寸	成品尺寸	放松量
后衣长 L（BNP～底边）	105	105	—
胸围 B	84	106	22
腰围 W	68	宽松式	—
臀围 H	92	宽松式	—
胸宽	33	35	2
背宽	35	37	2
肩宽 S	39	40	1
背长	38	38	—
袖长（SP～腕骨）	53	56	3
袖肥	—	34	—
袖口宽（1/2）	—	14	—
前搭门宽	—	2.5	—
后领面宽	—	5.5	—
后领座宽	—	4	—
领口宽	—	10	—
袖窿底点～BL	—	1.5	—

2. 结构设计流程

（1）准备文化式女装新原型。

（2）根据面料的厚度、款式造型进行主要部位放松量的设计。

（3）设计成衣衣长尺寸。

（4）设计成衣胸围放松量。

（5）设计成衣腰围放松量。

（6）设计成衣臀围放松量。

（7）用原型借助方法，进行制图设计。

四、制图步骤与方法

1. 前、后衣身制图

前、后衣身制图见图 6-2。

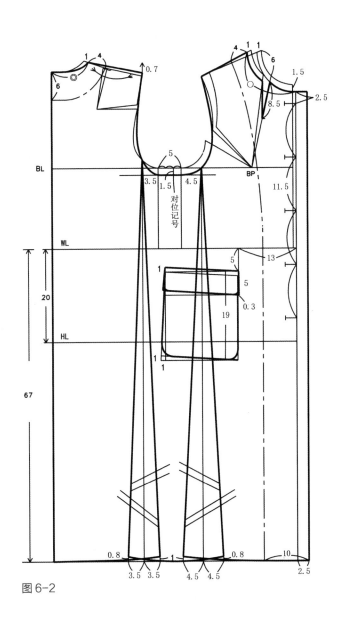

图 6-2

步骤一，原型借助，准备文化式女装新原型，见图 6-3。

① 根据各部位测量值使用原型制图，如有需要，可以根据个体情况对原型补正，以便假缝试穿时少做一些修改。

② 与后中心线垂直交叉画出腰围线，放置后身原型。在距离后身原型 3～5cm 处留出放松量，放置前身原型。省道及 BP 点处做记号，通过 G 点作水平线。

③ 肩省量的 1/2 合并，剪开袖窿，分散合并的省量，订正肩线、袖窿线。

④ 从前中心线的胸围线处剪开到 BP 点。在前颈点处与原型的撇势为 1.5cm，合并胸省量。

⑤ 在前领弧线做领弧省。

⑥ 画出圆顺的袖窿弧线。

⑦ 在后中心线取臀围线（HL 线）。从腰围线向下取 20cm 画水平线，成为臀围线。

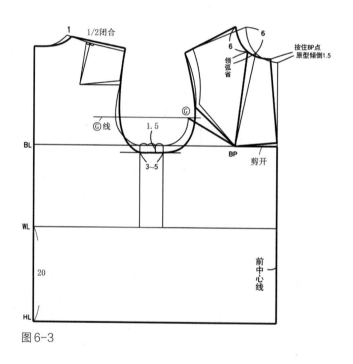

图 6-3

步骤二，见图 6-4。

① 设计胸围放松量。

② 设计衣长。

③ 画出前中心线。

④ 前、后领口宽扩大 1cm，确定肩线吃势。

⑤ 修正袖窿弧线。

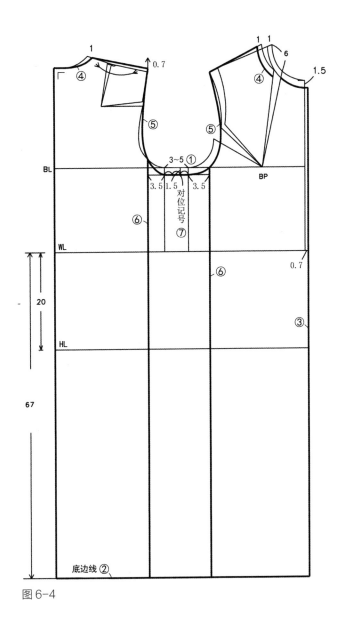

图 6-4

⑥ 确定前、后衣身结构线位置。

⑦ 确定衣身与袖子对位记号。

步骤三，见图 6-5。

① 止口线：画出搭门，宽 2.5cm。

② 确定前片侧缝线位置。

③ 确定后片侧缝线位置。

④ 确定侧片侧缝线位置。

⑤ 确定领弧省位置，省长 8.5cm。

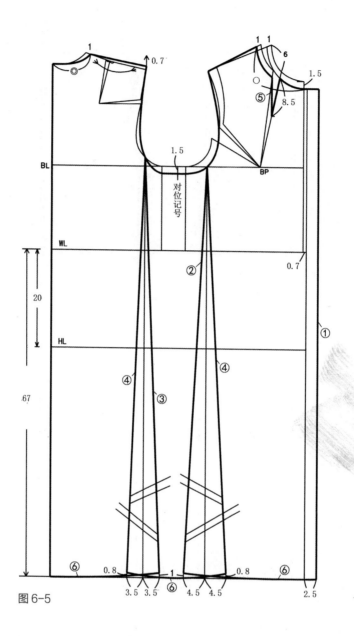

图6-5

步骤四，见图6-6。

① 设计口袋尺寸及位置。

② 设计扣眼、纽扣的位置。

③ 确定前贴边位置。

④ 确定后领口贴边位置。

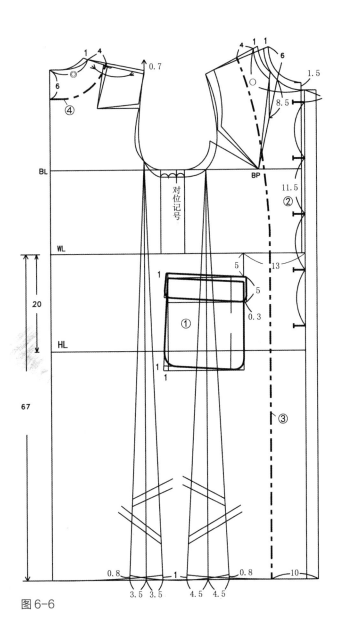

图6-6

2. 口袋、袋盖制图

口袋、袋盖制图见图6-7。

3. 衣身裁片图

衣身裁片图见图6-8。

4. 贴边、零料裁片图

贴边、零料裁片图见图6-9。

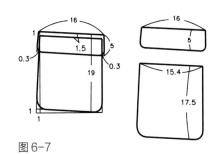

图6-7

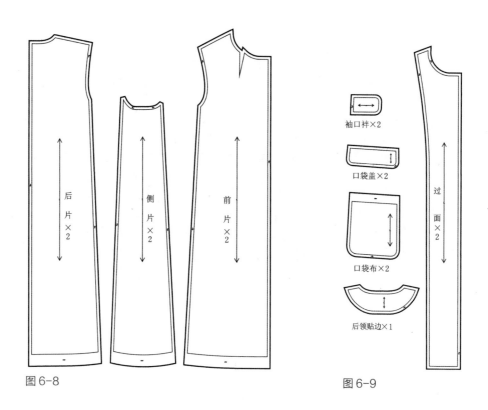

图 6-8

袖口衬×2

口袋盖×2

口袋布×2

后领贴边×1

图 6-9

5. 袖子制图

前、后衣身的袖窿对合，测量前、后袖窿的深度，取其平均值的 5/6 作为袖山的高度，见图 6-10、图 6-11。

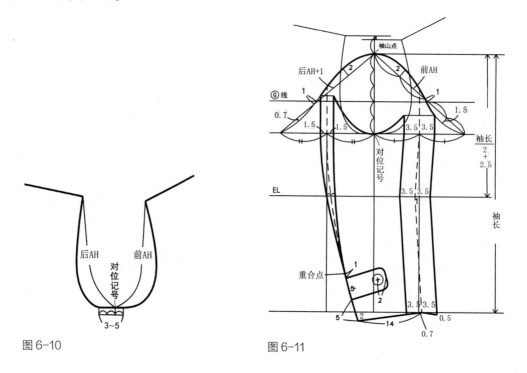

图 6-10

图 6-11

6. 袖子裁片图

袖子裁片图见图 6-12。

7. 领子制图

领子制图见图 6-13。

8. 领子裁片图

领子裁片图见图 6-14。

五、紧密排料图

紧密排料图见图 6-15。

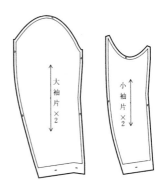

图 6-12

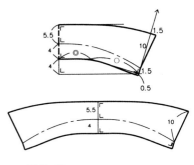

图 6-13

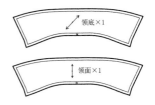

图 6-14

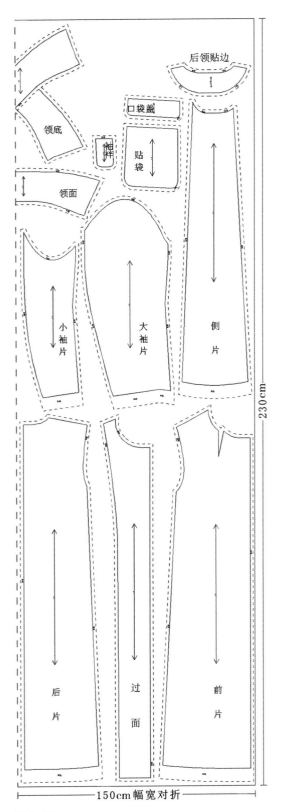

图 6-15

第二节　插肩袖平领女式短大衣

一、款式分析

插肩袖平领女式短大衣见图 6-16。

整体造型：A 型。此款大衣大方、时尚，适合多数人群穿着。

袖子：两片构成的插肩袖。

领子：平领，宽度接近肩端点。

前襟：三粒明扣。

衣长：膝盖线以上 5cm。

二、面料、里料和辅料

面料：150cm 幅宽，长 230cm。

里料：130cm 幅宽，长 190cm。

厚黏合衬：90cm 幅宽，长 120cm（前身用）。

薄黏合衬：90cm 幅宽，长 100cm（零部件用）。

厚、薄兼用的黏合衬：90cm 幅宽，长 200cm。

黏合牵条：1.2cm 宽斜丝牵条，长 280cm（止口、袖窿用）。

肩垫：厚度 0.7cm，一副。

纽扣：衣襟，暗扣，直径 1.5cm，4 套；袖口，6 个，直径 2cm。

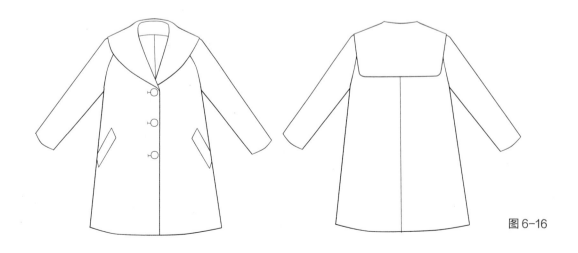

图 6-16

三、规格设计与结构设计流程

1. 规格设计

插肩袖平领女式短大衣各部位尺寸规格见表6-2。

表6-2　插肩袖平领女式短大衣各部位尺寸规格

示例规格：160/84A　　　　　　　　　　　　　　　　　　　　单位：cm

部　位	净尺寸	成品尺寸	放松量
后衣长 L（BNP～底边）	83	83	—
胸围 B	84	112	28
腰围 W	68	—	—
臀围 H	92	—	—
胸宽	33	—	—
背宽	35	—	—
肩宽 S	39	40	1
背长	38	38	—
袖长（SP～腕骨）	53	57	4
袖肥	—	—	—
后袖口宽	—	17	—
前袖口宽	—	16	—
后领面宽	—	16	—
后领座宽	—	1	—
领口宽	—	—	—
袖窿底点～BL	—	1.5	—

2. 结构设计流程

（1）准备文化式女装新原型。

（2）根据面料的厚度、款式造型进行主要部位放松量的设计。

（3）设计成衣衣长尺寸。

（4）设计成衣胸围放松量。

（5）设计成衣腰围放松量。

（6）设计成衣臀围放松量。

（7）用原型借助方法，进行制图设计。

四、制图步骤与方法

1. 后衣身及后袖子制图

后衣身及后袖子制图见图6-17。

步骤一，准备文化式女装新原型后片（参考女原型部分）。

步骤二，见图6-18。

① 底边线：由腰围线向下画出45cm底边线，平行于腰围线。

② 领围线：由原型肩颈点追加1cm，再与领深线连接画出圆顺的领弧线。

③ 后肩辅助线：肩省合并1/2，在袖窿线剪开，并用直线连接领宽点与肩端点。

④ 袖窿端点：胸围线加4cm放松量，从此点向下作垂线到底边。

⑤ 袖窿弧辅助线：在领弧线上取1/3，此点与背宽线3cm点连线。

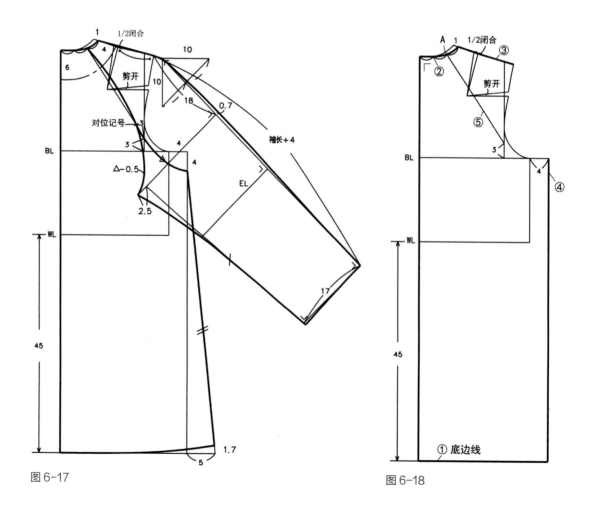

图6-17   图6-18

步骤三，见图 6-19。

① 原型袖窿深下降 4cm，找到新的袖窿端点。

② 绘制袖窿弧线，确定与袖山弧线的对位记号。

③ 侧缝线：下摆撇出 5cm，与袖窿端点连接，画出侧缝线。

④ 底边线起翘 1.7cm。

⑤ 肩线：肩端点追加 0.5cm，绘制肩线。

步骤四，见图 6-20。

① 袖子外缝线：由肩端点延长 2cm，以此点为顶点画出边长为 10cm 的等腰直角三角形，底边 1/2 点与顶点连接直线，然后从肩端点沿此线量取袖长 +4cm。

② 袖口宽：在袖口直角线上量取 17cm。

③ 袖山高：由肩端点向下量取 18cm。

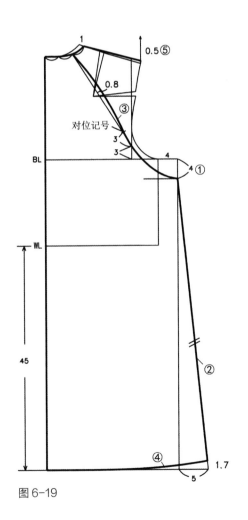

图 6-19

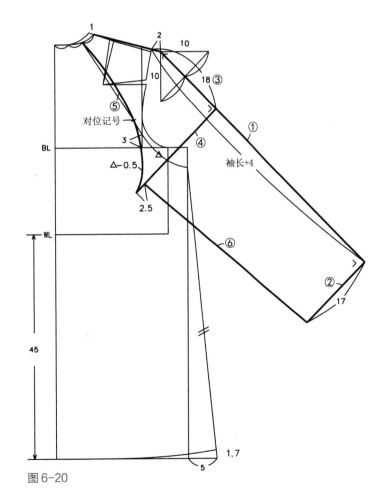

图 6-20

④ 绘制袖肥线垂直于外袖缝线。

⑤ 袖山弧线：与袖窿弧线相等，并相交于袖肥线，为袖肥端点。

⑥ 绘制内袖缝辅助线。

步骤五，见图 6-21。

① 确定 EL 线位置。

② 绘制袖口线。

③ 绘制内袖缝线。

步骤六，见图 6-22。

① 绘制袖子外缝轮廓线。

② 确定后贴边位置。

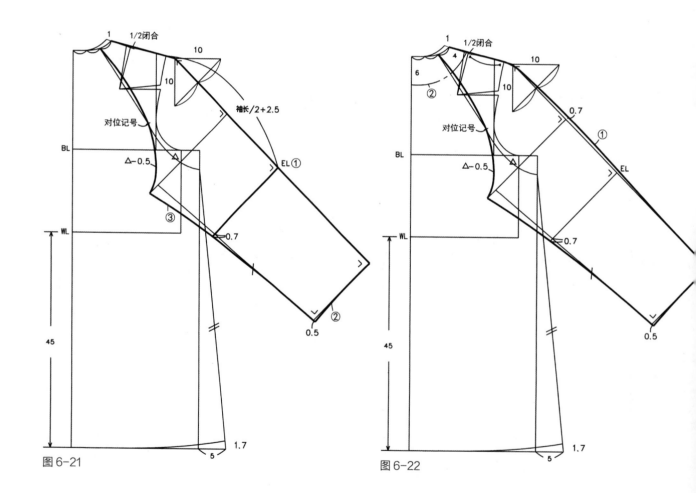

图 6-21　　　　　　　　　　　　　　　　　　图 6-22

2. 前衣身及前袖制图

前衣身及前袖制图见图 6-23。

步骤一，准备文化式女装新原型前片（参考女原型部分）。

步骤二，绘制前片基础线，见图 6-24。

① 将原型前衣片在前中心撇势 0.7cm，以分散胸省。

② 前中心线：在原型中心线追加 0.7cm 面料厚度量，绘制中心线。

③ 底边线：从腰线向下垂直 45cm 画出底边线。

④ 胸围线加 2.5cm 放松量，并从此点向下作垂线，到底边。

⑤ 绘制胸宽线。

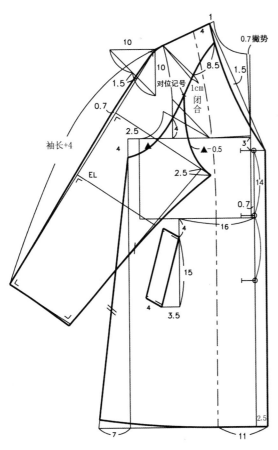

图 6-23

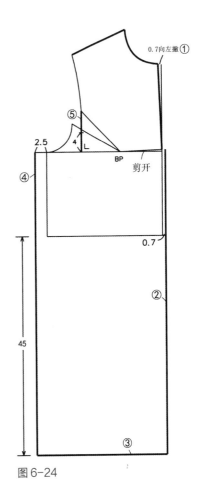

图 6-24

步骤三，绘制前片轮廓线，见图 6-25。

① 止口线：中心线向外 2.5cm。

② 领弧线：领宽扩大 1cm 与驳折点连线，再画 1.5cm 弧线。

③ BL 线向下 4cm，找到新的袖窿端点。

④ 下摆撇出 7cm，与袖窿端点连接，画出侧缝线。

⑤ 袖窿弧线：由前肩颈点向下量取 4.3cm，此点与胸宽线上 4cm 点连直线，画出袖窿弧线。

步骤四，绘制前袖辅助线，见图 6-26。

① 袖子外缝：由端点延长 2cm 为顶点作边长为 10cm 的直角三角形。过斜边 1/2 向下 1.5cm，与顶点连线，画出前袖外缝线。从肩端点延外袖缝线取袖长 +4。

② 袖口：在袖口直角线上量取 16cm，作为前袖口宽。

③ 袖山高：由肩端点延前袖外缝线量取 18cm，作为袖山高。

④ 袖肥线：由袖山高点画垂线。

⑤ 底边线：前片侧缝与后片侧缝相等。

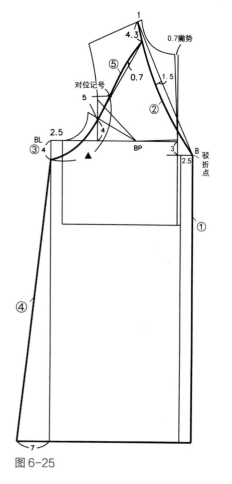

图 6-25

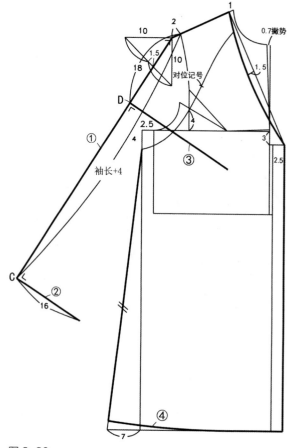

图 6-26

步骤五，绘制内袖辅助线，见图 6-27。

① 袖山弧线：与袖窿弧线相等，并相交于袖肥线，为袖肥端点。

② 绘制内袖缝辅助线。

③ 确定 EL 线位置。

步骤六，绘制袖子轮廓线与零料，见图 6-28。

① 绘制袖子内缝轮廓线。

② 绘制袖子外缝轮廓线。

③ 确定兜口位置。

④ 确定扣眼位置。

⑤ 确定前贴边位置。

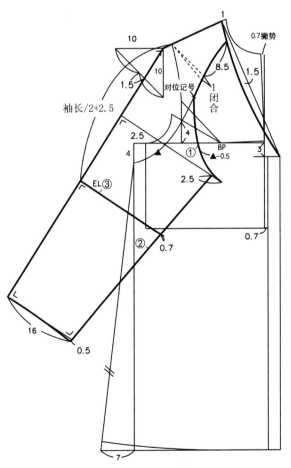

图 6-27

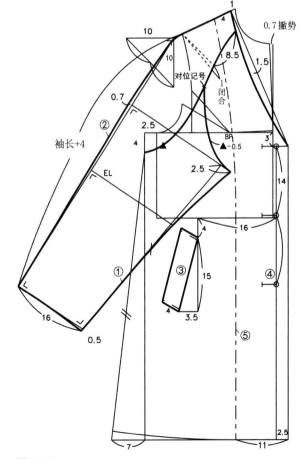

图 6-28

3. 前袖纸样操制图

前袖山弧线合并 1cm。袖山弧线整理为圆顺的弧线，见图 6-29。

4. 插肩袖要点

前、后片的肩部是重点。前袖外轮廓线比后袖外轮廓线倾斜度大。袖窿线比袖山线长 0.5cm，在绱袖时抻着袖子绱，可使袖子更合身。

5. 衣身裁片图

衣身裁片图见图 6-30。

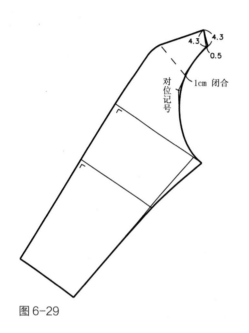

图 6-29

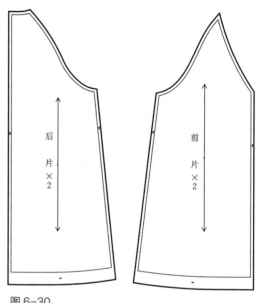

图 6-30

6. 袖子裁片图

袖子裁片图见图 6-31。

7. 零料裁片图

零料裁片图见图 6-32。

8. 领子制图

领子制图见图 6-33。

步骤一，正确放置前、后衣身片见图 6-34。

前、后肩线重合 3cm。

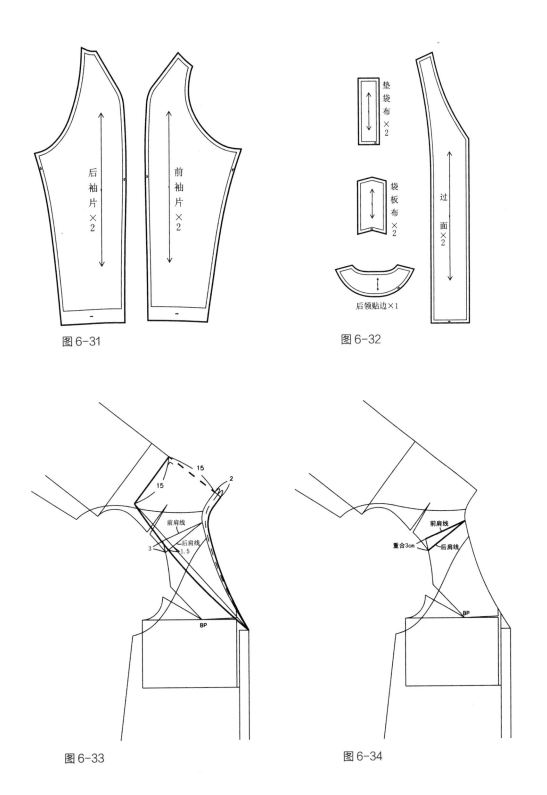

图 6-31

图 6-32

垫袋布×2

袋板布×2

后领贴边×1

过面×2

后袖片×2

前袖片×2

图 6-33

图 6-34

15

15

2

前肩线

后肩线

3

1.5

BP

前肩线

后肩线

重合3cm

BP

步骤二，绘制领子辅助线，见图 6-35。

设计领面宽度、高度。

步骤三，绘制领子轮廓线，见图 6-36。

① 设计领子轮廓线弧度。

② 绘制领子翻折线位置。

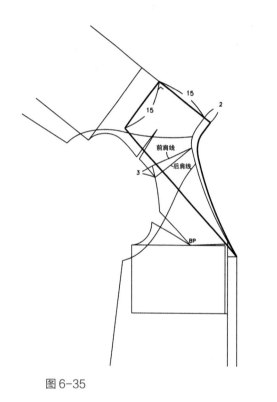

图 6-35

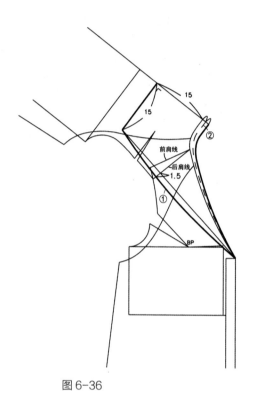

图 6-36

9. 领子裁片图

领子裁片图见图 6-37。

五、紧密排料图

紧密排料图见图 6-38。

图 6-37

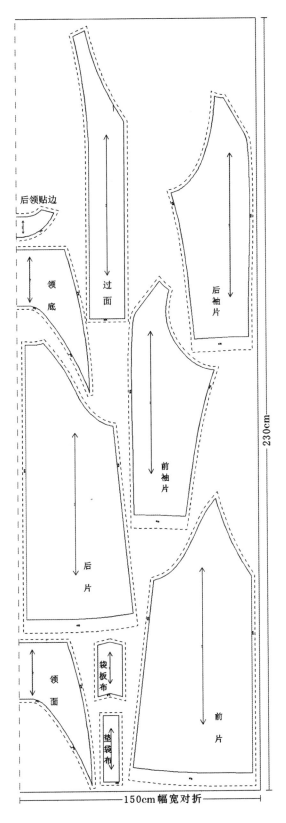

后领贴边

领底

过面

后袖片

前袖片

后片

领面

袋板布

垫袋布

前片

230cm

150cm幅宽对折

图 6-38

【思考与实践】

（1）思考宽身型大衣结构处理方式方法、人体各部位与服装空间量值，以及大衣各部位之间的比例关系。

（2）练习插肩袖的绘制方法。

（3）绘制本章所讲授大衣的比例制图，重点把握箱型结构线位置（1 ∶ 400）。

（4）实践操作其中一款 1 ∶ 1 制图，做到线条清晰、结构合理、比例得当。

第二部分　男式大衣

　　大衣是男士们在秋冬季节不可缺少的服装单品之一。一件好大衣除了材料的品质，版型的设计也是非常重要的，稍有不合适，就有被淘汰的可能。近年来，男式大衣的流行趋势有了很大变化，版型从前期的修身版发展到如今的廓型版，说明了廓型版更具有包容性和广泛性的特点。廓型大衣不仅给搭配增加了更多可能性，穿着也更加宽松舒适，而且廓型的版型显得头小，会让身材比例看上去更好。

　　男式大衣在服装材质上可选用羊绒、羊毛、粗纺呢、人字呢等比较挺阔、平整的面料，既保暖，又高级，还能增加男性的硬朗气质。一款优秀的男士大衣一定有与众不同的亮点，让自己从众多款式中脱颖而出。本章所介绍的男式大衣款式都具有一定代表性，可以作为男性衣橱里必备的单品。

第七章
男式大衣

【教学目标和要求】

（1）在进行男式大衣结构设计时，要注意各类男式大衣的造型特点，了解男式大衣的基本款式。

（2）大衣的面料多采用毛料，可以充分利用面料可归拔的特性。归拔熨烫的运用可以提高工艺质量，但要根据面料特性设定合适的熨烫归拔量。

（3）在缝制过程中，要注重工艺质量，在制作贴袋、扣兜、装领子、装袖子、做肩袢和袖袢时，需要处理精细、一丝不苟。

【本章重点和难点】

重点：掌握男式大衣结构设计原理，熟练运用男装原型绘制男式大衣结构制图的方法。

难点：深入研究男装原型特点，掌握大衣与人体的放松量及衣长尺寸，做到恰到好处。

　　优雅的基本款大衣是男士们秋冬衣橱必不可少的单品，追根溯源，它们都是十八九世纪以来有趣且实用的大衣款型的演变。这些经典的大衣在严冬给男士们带来了身体的温暖和精致的气质。

图 7-1

【本页彩图】

图 7-2

第一节　男式大衣经典款型追溯

一、切斯特菲尔德大衣（Chesterfield Coat）

　　切斯特菲尔德大衣最早出现于 19 世纪中期，名称源自英国切斯特菲尔德伯爵，这种着装风格逐渐成为广大绅士纷纷效仿的目标。由于它的选材基于各种厚重的毛呢面料，虽然版型看上去更加挺括，但始终做不到轻便。如今，设计师们打破了这一固有的传统，用柔软的羊绒材质取代了毛呢，不仅让它穿着更轻便、舒适，而且兼顾了保暖性，版型上也能达到更自然的悬垂感，见图 7-1。

二、波鲁大衣（Polo Coat）

　　波鲁大衣是目前比较流行的一种款式，最早出现于 1916 年，原为马球手在等待上场时穿着的一种大衣，常用驼色羊绒面料制作，剪裁较宽松。其传统的款式特点是：驼色面料，双排扣，戗驳领，后腰有腰带设计，衣长较长，版型宽松不收腰。"波鲁"这个名字是根据当时声名显赫的品牌"Brooks Brothers"（布克兄弟）命名的。20 世纪 20 年代，欧洲上流社会开始流行穿波鲁大衣。这款大衣一般是双排扣，宽大的驳领介于戗驳领和平驳领之间——这也是它被人们喜爱并诩为"经典""复古"之处。其衣身的前片设计有利于将手伸进内侧的斜插兜，面料往往尊重传统选择英式的鱼骨纹（俗称"人字呢"）。英国男士更加青睐波鲁大衣，喜欢搭配半高领羊绒毛衫和丝麻混纺的双排扣西装，将奢华藏在内，透着优雅、低调和礼貌，见图 7-2。

三、巴尔玛肯大衣（Balmacaan Coat）

巴尔玛肯大衣因简约而绅士的设计受到许多男士的青睐，是国际主流社交圈里使用频率较高的一款大衣。这款大衣源于英国，名字来自伦敦近郊的一个小镇。它散发着一种神秘的气息，让人联想起电影《柏林谍影》的男主角 Richard Burton，这位神秘的双面间谍最具代表性的造型就是一身黑色的巴尔玛肯大衣，见图 7-3、图 7-4。

【本页彩图】

图 7-3　　　　　　　　　　图 7-4

四、水手短大衣（Pea Coat）

水手短大衣最早被甲板上工作的水手们用作抗寒与防水。这种衣长仅到腰部上下的双排扣短大衣，很能衬托东方人的身材，加上厚实的羊毛材质与沿袭军装风格的领子，无论放下还是竖起都很有气势。它最早出现于 19 世纪 30 年代，H 廓型、双排扣、厚毛呢是其最初的模样，并被称为"水手夹克"。1962 年，Yves Saint Laurent（伊夫·圣·洛朗）成立了自己的时装公司并以"水手大衣"为灵感发表了部分作品，令水手短大衣步入高级时装的行列。随着设计师们的不断改革与创新，水手短大衣也在悄然改变着最初的模样，最突出的变化是在廓型方面打破了传统的 H 型，变为更符合现代流行趋势的小 X 廓型。它虽然在版型上有了很大改变，但在面料选择上却依然保持着最初的定位，厚实的粗毛呢面料虽不是很柔软，却让防寒功能大大提升。直插袋的口袋设计更为方便，宽大的翻领可以在寒冷的冬天很好地保护脖子和耳朵，翻领上花色的格纹压边设计与内搭的乳白色高领羊绒衫结合，用温暖的色调为沉闷的深蓝色增添了一份活力，见图 7-5、图 7-6。

【本页彩图】

图 7-5   图 7-6

五、克龙比大衣（Crombie Coat）

作为百搭单品，克龙比大衣自 19 世纪 80 年代诞生以来，就赢得了无数男士的喜爱。克龙比大衣最初的特点是由厚羊毛呢制成，惯用双排扣衣襟、宽大的戗驳领及肥硕并不修身的版型。经过设计师们不断的改进，它逐渐出现了更为人性化的设计，如单门襟、窄驳头，版型也越来越修身，实用性和简洁程度得到了大幅度的提升，而袖子上金属元素的加入则令大衣本身增添了一些个性和时尚，见图 7-7、图 7-8。

图 7-7   图 7-8

第二节 翻驳领单排扣男式大衣

切斯特菲尔德大衣演变至今，既有单排扣，又有双排扣，但最正统的切斯特菲尔德大衣，毋庸置疑一定是单排三粒扣，因为单排三粒扣最能表现出贴合的剪裁和利落的线条，见图7-9。

一、款式分析

衣身廓型：三开身，箱型设计。

前衣片：三粒扣，左衣片手巾袋，左、右前片腰线以下斜插袋设计。

后衣片：后中缝臀围线以下开衩。

衣领造型：翻领。

衣袖造型：两片袖，袖口有开衩。

二、面料、里料和辅料

面料：150cm 幅宽，长 220cm。

里料：130cm 幅宽，长 220cm。

厚黏合衬：90cm 幅宽，长 130cm（前身用）。

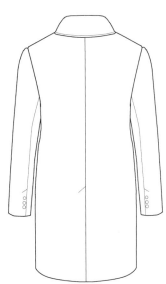

图 7-9

薄黏合衬：90cm 幅宽，长 100cm（零部件用）。

厚、薄兼用的黏合衬：90cm 幅宽，长 100cm。

黏合牵条：1.2cm 宽斜丝牵条，长 280cm。

肩垫：厚度 0.7cm，一副。

纽扣：直径 2.5cm，3 个，前门襟用；直径 1.5cm，8 个，袖口用。

三、规格设计与结构设计流程

1. 规格设计

翻驳领单排扣男大衣各部位尺寸规格见表 7-1。

表 7-1　翻驳领单排扣男大衣各部位尺寸规格

示例规格：180/94A　　　　　　　　　　　　　　　　　　　　单位：cm

部　位	净尺寸	成品尺寸	放松量
后衣长 L（BNP～底边）	95	95	—
胸围 B	94	118	24
腰围 W	84	120	36
臀围 H	96	122	26
肩宽 S	46	48	2
背长	45	45	—
袖长（SP～腕骨）	57.5	60	2.5
袖肥	—	42	—
袖口宽（1/2）	—	17	—
前搭门宽	—	3	—
后领面宽	—	5	—
后领座宽	—	3	—
领口宽	—	4	—
袖窿底点～BL	—	2	—

2. 结构设计流程

（1）准备文化式男装原型。

（2）根据面料的厚度、款式造型进行主要部位放松量的设计。

（3）设计成衣胸围放松量。

（4）设计成衣衣长尺寸。

四、制图步骤与方法

1. 衣身制图

衣身制图见图7-10。

步骤一，准备文化式男装原型（参考制图原理男装原型部分）。

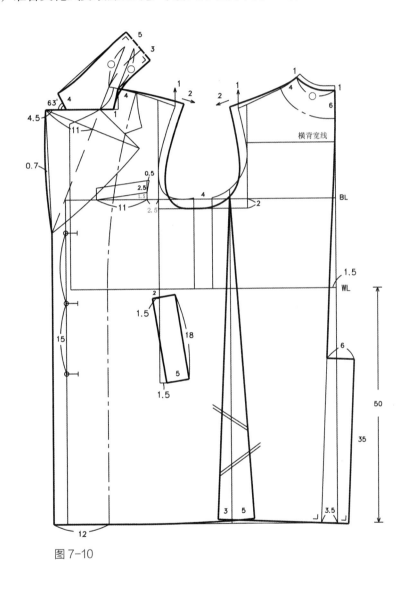

图 7-10

步骤二，见图7-11。

① 与后中心线垂直交叉画出腰围线，放置后身原型。在距离后身原型4cm处留出放松量，放置前身原型。

② 底边线：由WL线向下取50cm，画水平线，作为底边线。

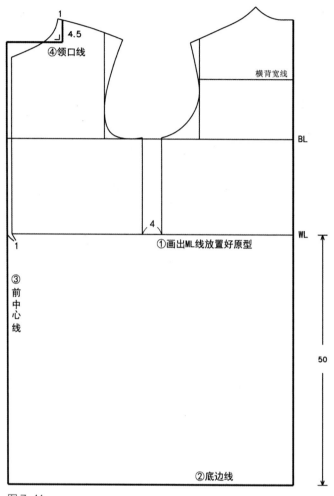

图 7-11

③ 与前中心线平行，追加 1cm 作为面料的厚度量，成为新的前中心线。

④ 画前衣身领口线：前原型肩颈点扩大 1cm，向下作 4.5cm 垂线，画水平线相交于前中心线。

步骤三，见图 7-12。

① 后衣身领弧线、肩线：原型后肩颈点扩大 1cm，与后领深下降 1cm 连接领弧线；后肩端点追加 1cm，与新肩颈点连接肩线。

② 后中心线：由背宽线起，在 WL 线上取 1.5cm 背省，底边线取 3.5cm 连接后背中心线。

③ 前片肩线：由前肩端点追加 1cm，与新肩颈点连接肩线。

④ 前止口线：由前中心线向左追加 3cm，确定止口线。

⑤ 画驳口翻折线及驳头宽 11cm。

⑥ 袖窿深线：由原型 BL 线下降 2cm。

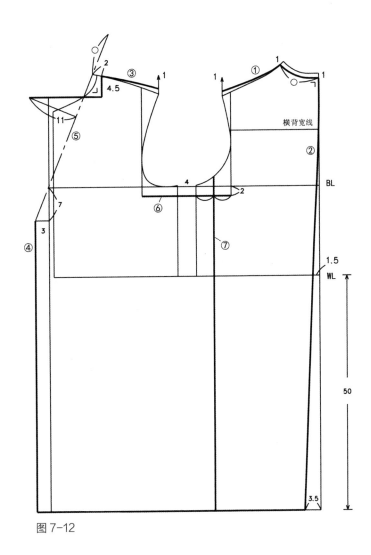

图 7-12

⑦ 腋下线：确定前、后衣身腋下侧缝点位置。

步骤四，见图 7-13。

① 前、后片肩端点向外扩 2cm，确定衣身的肩端点。

② 袖窿弧线：肩端点与袖窿深线连接圆滑的曲线，画袖窿弧线时要考虑胸宽量和背宽量。

③ 侧缝线：做出前、后衣身侧缝线位置。

④ 确定后开衩位置。

⑤ 画出驳头止口线。

⑥ 确定出胸兜的位置。

⑦ 设计出领尖的角度与上领点位置。

⑧ 确定绱领倒伏量为 4.3cm。

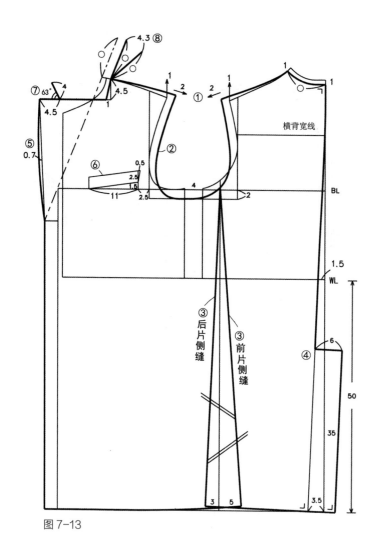

图 7-13

步骤五，见图 7-14。

① 完整画出领子（参考领子制图部分）。

② 设计插袋兜口位置。

③ 设计纽扣、扣眼位置。

④ 确定前、后贴边位置。

2. 衣身裁片图

衣身裁片图见图 7-15。

3. 衣身零料裁片图

衣身零料裁片图见图 7-16。

4. 领子制图

领子制图见图 7-17。

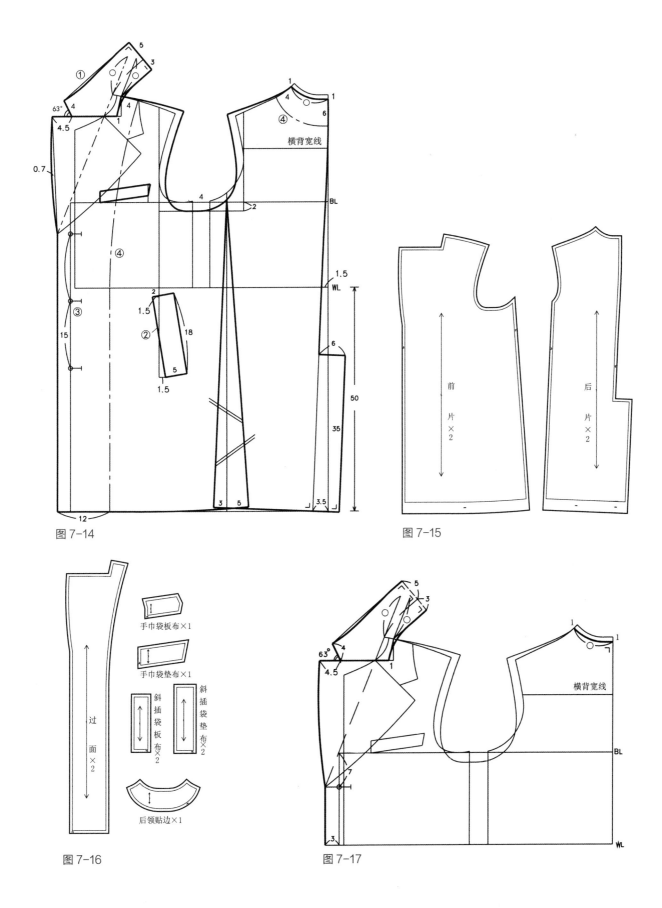

图 7-14

图 7-15

图 7-16

图 7-17

步骤一，见图 7–18。

① 前领口线：原型肩颈点右扩 1cm，向下垂直 4.5cm 画水平线相交于前中心线。

② 后领弧线：领深下降 1cm，原型肩颈点扩 1cm，连接新领弧线。

③ 由肩颈点延长肩线 2cm，即为前底领宽，与翻折点连线，画出驳口线。

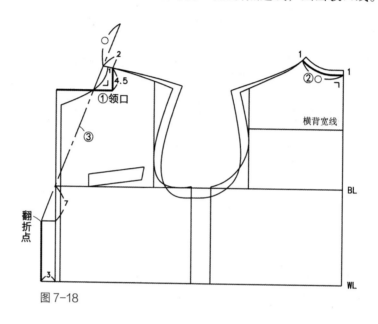

图 7–18

步骤二，见图 7–19。

后绱领线：从肩颈点画出一条与驳口线平行的直线，在此线上取后领口尺寸（○），成为绱领线；这条线比实际的领口弧线尺寸稍短，绱领子时在颈侧点附近将领子稍微吃缝。

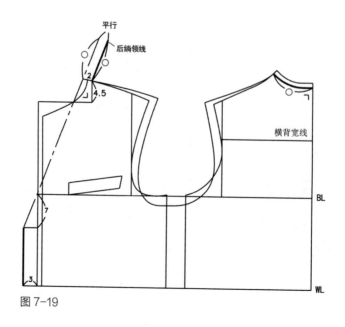

图 7–19

步骤三，见图 7-20。

① 将绱领线倒伏 4.3cm，这个量称为放倒尺寸（倒伏量），多出的领外口长度可以使领子服帖。

② 驳头宽：在驳口线与串口线之间截取 11cm 驳头宽。

③ 画驳口线：在辅助线基础上向外 0.7cm 画圆顺的弧线。

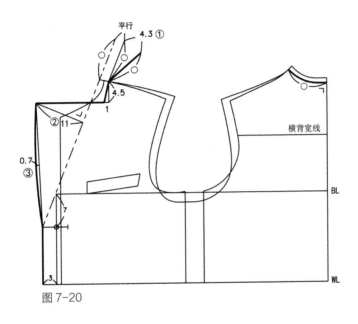

图 7-20

步骤四，见图 7-21。

① 在倒伏后的绱领线上画垂线，作为领子后中心线；画出底领宽 3cm，翻领宽 5cm（可以盖住绱领线）。直角要用直角板准确画出。

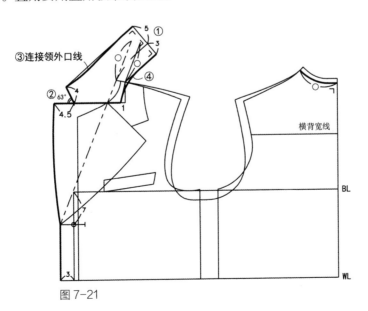

图 7-21

② 在串口线上，从驳头端点沿着串口线取 4.5cm，确定领口止点。过此点画 63° 线，取前领宽 4cm。

③ 流畅连接翻领外领口线。

④ 将绱领线和翻领线修正为圆顺的弧线。

5. 领子裁片图

领子裁片图见图 7-22。

6. 袖子制图

袖子制图见图 7-23。

步骤一，见图 7-24。

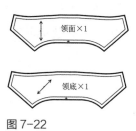

图 7-22

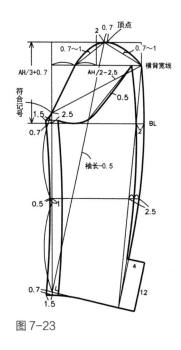

图 7-23

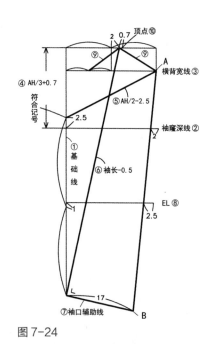

图 7-24

首先测量衣身的袖窿（AH）长度。

① 垂直画出一条袖子的基础线。

② 延长衣身的袖窿深线，作为袖子的袖山深线。

③ 延长后衣身横背宽线。

④ 袖山高：取 AH/3+0.7 为袖山高。

⑤ 袖肥：由基础线袖窿深处向上 2.5cm 点到横背宽线量取 AH/2-2.5 确定袖肥。

⑥ 袖长线：由袖肥 1/2 点向右量取 2cm，从此点量取（袖长 -0.5）为袖口点。

⑦ 袖口辅助线：由袖口点垂直于袖长线量取 17cm 作为袖口尺寸。

⑧ 画出 EL 线（袖肘线）。

⑨ 画袖窿弧线的辅助线。

⑩ 确定袖子顶点。

步骤二，见图 7-25。

① 大袖片内袖缝：先从袖子基础线向上 0.7cm、向外 1.5cm 点，连接 EL 线向外 0.5cm 点，再连接袖口点向下 0.7cm、向外 1.5cm 点。

② 画袖山弧线：由内袖缝上端点，通过辅助点、袖顶点，连接到袖肥端点。

③ 大袖片外袖缝：由袖肥端点起通过袖山深 2cm 点、EL 线 2.5cm 点连接到袖口线端点。

④ 圆顺画出袖口线。

步骤三，见图 7-26。

① 小袖片内袖缝：由大袖内缝向内画 3cm，上、下同宽。

② 小袖片外袖缝：分别由横背宽线 3cm 点，通过袖窿深线 2cm 点、EL 线 2.5cm 二分之一点连接到袖口端点。

③ 圆顺画出小袖片袖山弧线。

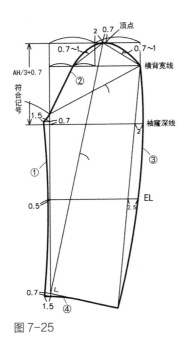

图 7-25

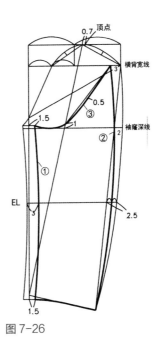

图 7-26

步骤四，见图 7-27。

确定袖口开衩位置：在大、小袖片外袖缝袖口 12cm 处。测量袖山的吃缝量（袖山弧线与袖窿尺寸的差量），此款大衣吃缝差量在 4.5cm 左右。

7. 袖子裁片图

袖子裁片图见图 7-28。

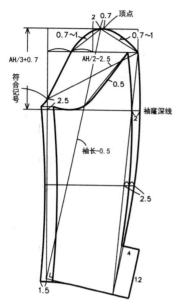

图 7-27

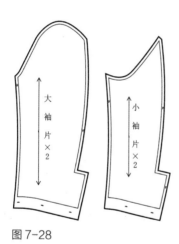

图 7-28

五、紧密排料图

紧密排料图见图 7-29。

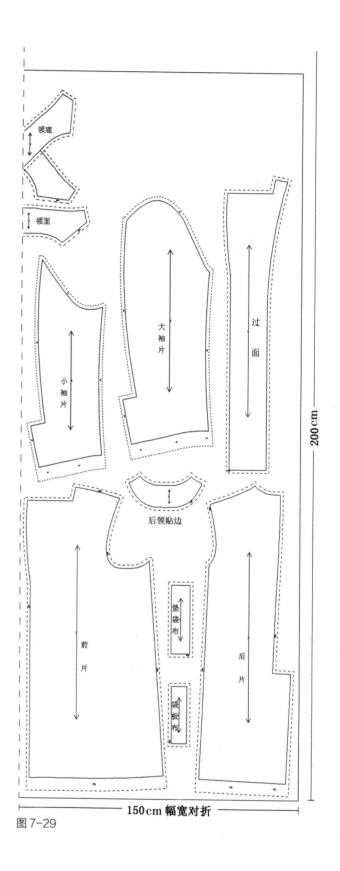

图 7-29

第三节 猎装式男式大衣

一、款式分析

猎装又称卡曲服，起源于猎人打猎时所穿着的一种服装。猎装的款式风格轻松明快，4 个口袋实用美观，行动自如、洒脱。这款大衣不受年龄的限制，可以适应不同年纪的男士穿着，也可以作为交往、娱乐、上班的便服，所以有"男士万能服"的美誉，见图 7-30。

衣身廓型：三开身，腰部略有收腰。

前衣片：双排六粒扣，止口明线，贴袋，各部位加适当放松量。

后衣片：后中缝收腰，腰部以下开衩，便于活动，各部位加适当放松量。

衣领造型：驳折领——翻折线开剪，分为领面、领座两个部分。

衣袖造型：圆装袖——弯袖、两片袖。

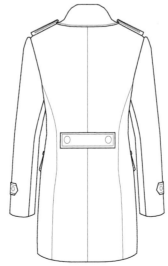

图 7-30

二、面料、里料和辅料

面料：150cm 幅宽，长 220cm。

里料：130cm 幅宽，长 210cm。

厚黏合衬：90cm 幅宽，长 130cm（前身用）。

薄黏合衬：90cm 幅宽，长 100cm（零部件用）。

厚、薄兼用的黏合衬：90cm 幅宽，长 200cm。

黏合牵条：1.2cm 宽斜丝牵条，长 280cm。

肩垫：厚度 0.7cm，一副。

纽扣：前衣襟 6 粒，直径 2.5cm；袖袢 2 粒，直径 2.5cm。

三、规格设计与结构设计流程

1. 规格设计

猎装式男式大衣各部位尺寸规格见表 7–2。

表 7–2 猎装式男式大衣各部位尺寸规格

示例规格：180/94A　　　　　　　　　　　　　　　　　　　　　　　　　　　单位：cm

部　位	净尺寸	成品尺寸	放松量
后衣长 L（BNP～底边）	90	90	—
胸围 B	96	124	28
腰围 W	86	112	26
臀围 H	98	126	28
肩宽 S	46	48	2
背长	45	45	—
袖长（SP～腕骨）	58	61	3
袖肥	—	42	—
袖口宽（1/2）	—	17	—
前搭门宽	—	8.5	—
后领面宽	—	5	—
后领座宽	—	3	—
领口宽	—	4.5	—
袖隆底点～BL	—	3	—

2. 结构设计流程

（1）准备文化式男装原型。

（2）根据面料的厚度、款式造型进行主要部位放松量的设计。

（3）设计成衣胸围放松量。

（4）设计成衣腰围放松量。

（5）设计成衣衣长尺寸。

四、制图步骤与方法

1. 衣身制图

衣身制图见图 7-31。

步骤一，准备文化式男装原型（参考制图原理男装原型部分）。

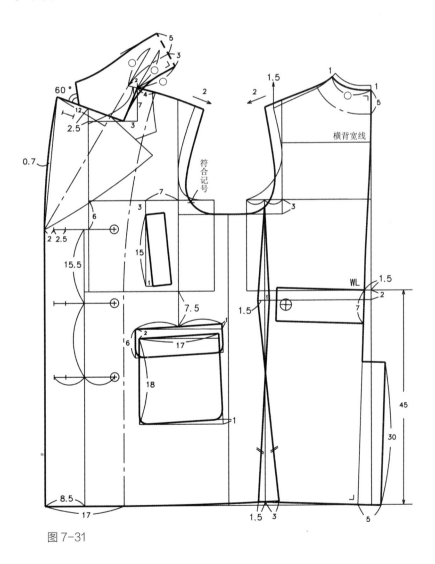

图 7-31

步骤二，见图 7-32。

① 与后中心线垂直交叉画出腰围线，放置后身原型；在距离后身原型 7cm 处留出放松量，放置前身原型。

② 底边线：由 WL 线向下取 45cm，画水平线，作为底边线。

③ 与前中心线平行，追加 0.7cm 作为面料的厚度量，成为新前中心线。

④ 后领弧线：原型后领深下降 1cm，领宽扩大 1cm，连接新的领弧线。

⑤ 后肩线：后原型肩端点向上追加 1.5cm，向外扩大 2cm，与新的肩颈点连接，形成后肩线。

⑥ 前领口线：前原型肩颈点扩大 1cm，向下作 7cm 垂线，画水平线相交于前中心线。

⑦ 前肩线：前原型肩端点扩大 2cm，形成前衣身肩线。

⑧ 袖窿深线：由 BL 线下降 3cm，为袖窿深线。

⑨ 袖窿弧线：肩端点与袖窿深线连接圆顺的弧线，画袖窿弧线时要考虑胸宽量和背宽量。

⑩ 确定前、后衣身侧缝位置：后原型背宽线与侧缝线 1/2 点画垂线直到底边。

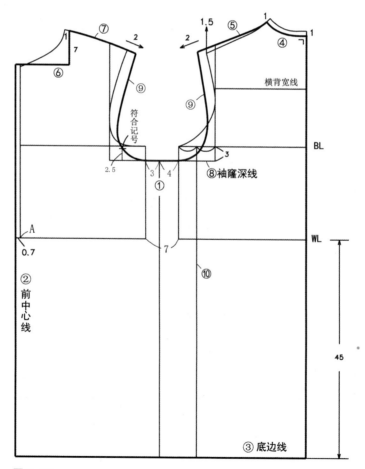

图 7-32

步骤三，见图 7-33。

① 后中心线：由横背宽线起，连接 WL 线上收 1.5cm 点，到底边线收 3cm 点，为后中心线。

② 腰围线下降 2cm，相交于侧缝辅助线。

③ 后片侧缝线：侧缝辅助线在 WL 进 1cm，底边处向左下摆 1.5cm，连接后片侧缝。

④ 前片侧缝线：侧缝辅助线在 WL 进 1.5cm，底边处向右下摆 3cm，连接前片侧缝。

⑤ 止口线：由前中心线画搭门宽 8.5cm，为止口线。

⑥ 连接驳口线，确定驳头宽 12cm。

⑦ 后片底边线：垂直于后中心线，相交于后侧缝线，相交点为后侧缝止点。

⑧ 前片底边线：由前止口起相交于前侧缝线，使前片侧缝长度与后片侧缝长度相等。

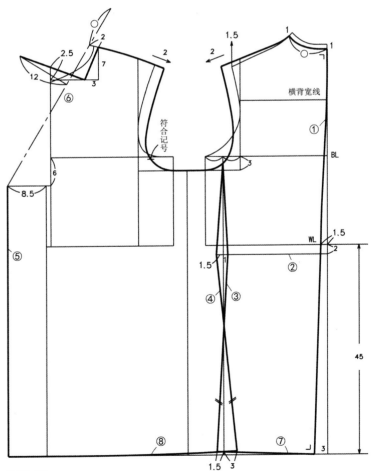

图 7-33

步骤四，见图 7–34。

① 画驳头止口线。

② 画领子（详细制图参考领子制图部分）。

③ 确定后中心线开衩位置。

步骤五，见图 7–35。

① 完整画好领子（具体制图方法参考领子制图部分）。画驳头止口线。

② 确定后腰装饰腰襻位置。

③ 绘制大衣口袋位置。

④ 绘制胸袋位置。

⑤ 确定扣眼、纽扣位置。

⑥ 前片贴边：肩线处宽 4cm，底边处宽 17cm，连接顺畅曲线。

⑦ 后片贴边：肩线处宽 4cm，后中心点下 5cm，连接顺畅曲线。

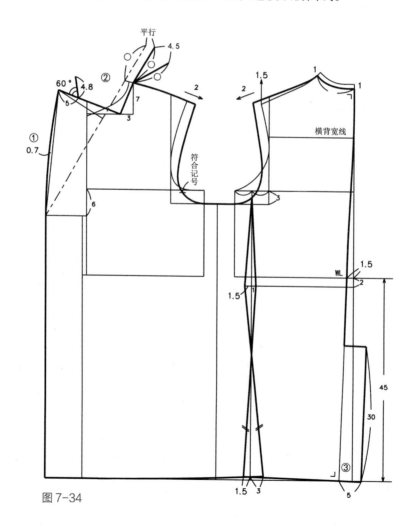

图 7–34

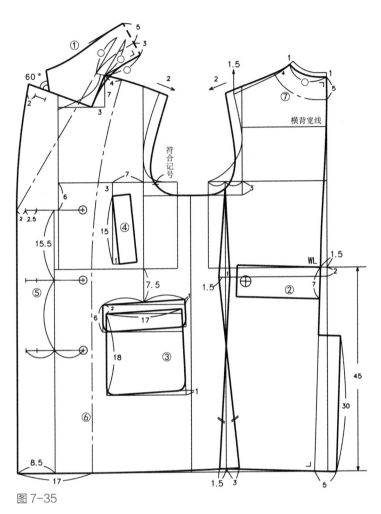

图7-35

2.衣身裁片图

衣身裁片图见图7-36。

3.肩章制图

肩章制图见图7-37。

4.口袋制图

口袋制图见图7-38。

5.衣身零料裁片

衣身零料裁片见图7-39。

6.袖子制图

袖子制图见图7-40。

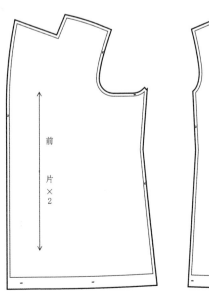
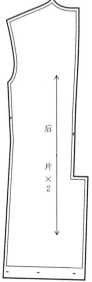

图7-36

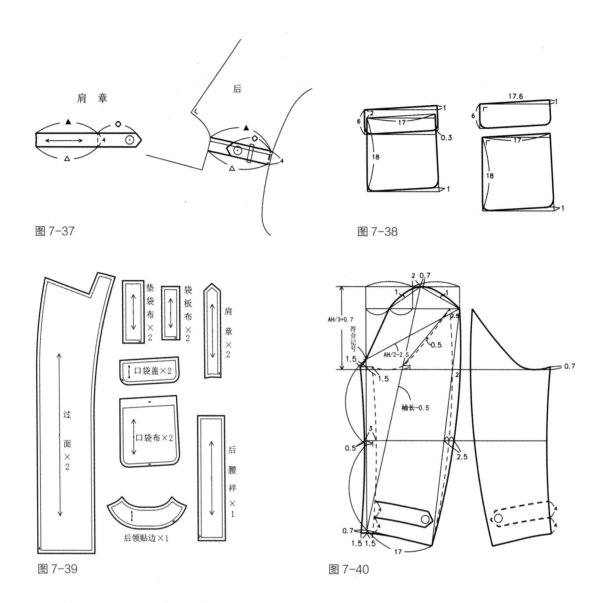

图 7-37

图 7-38

图 7-39

图 7-40

步骤一，测量衣身的袖窿（AH）长度，见图 7-41。

① 延长后衣身横背宽线。

② 延长衣身的袖窿深线，作为袖子的袖山深线。

③ 基础线：画垂线相交于横背宽线、袖窿深线。

④ 袖山高：由袖窿深线沿基础线向上量取 AH/3+0.7 为袖山高。

⑤ 袖肥：由袖窿深线沿基础线向上 2.5cm 点到横背宽线量取 AH/2-2.5 确定袖肥。

⑥ 袖长线：由袖肥 1/2 点向左量取 2cm，从此点量取（袖长 -0.5）为袖口点。

⑦ 袖子顶点：由袖肥 1/2 点向左量取 2.7cm 为袖顶点。

⑧ 画袖山弧线的辅助线。

⑨ 袖口辅助线：由袖口点垂直于袖长线量取 17cm 作为袖口尺寸。

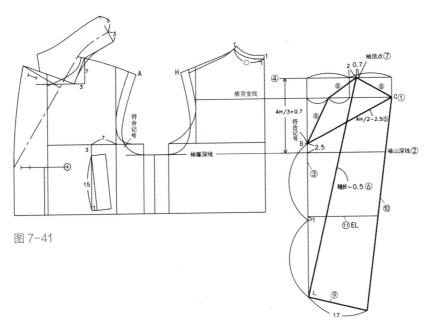

图 7-41

⑩ 连接袖子外袖缝辅助线。

⑪ 画出 EL 线（袖肘线）。

步骤二，见图 7-42。

① 通过袖顶点连接袖山弧线。

② 大袖片内袖缝。

③ 大袖片外袖缝。

④ 大袖片袖口线。

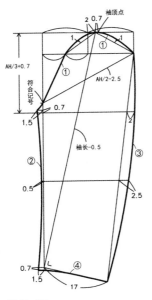

图 7-42

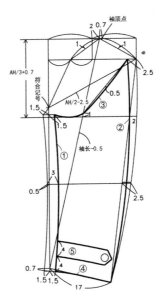

图 7-43

步骤三，见图 7-43。

① 小袖片内袖缝。

② 小袖片外袖缝。

③ 小袖片袖山弧线。

④ 小袖片袖口线。

⑤ 确定袖祥位置。

7. 袖子裁片

袖子裁片见图 7-44。

8. 领子制图

领子制图见图 7-45。

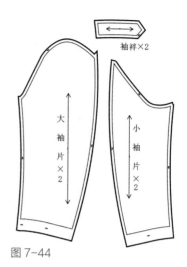

图 7-44

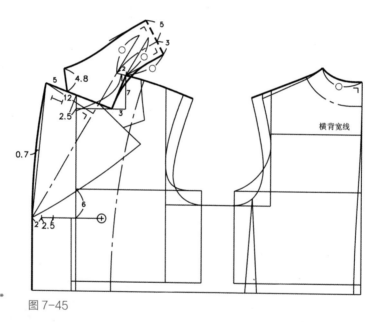

图 7-45

步骤一，见图 7-46。

① 前领口辅助线：原型肩颈点扩大 1cm，向下垂直 7cm 画水平线相交于前中心线。

② 后领弧线：原型后领弧线不变。

③ 驳口线：由肩颈点延长肩线追加 2cm，与翻折点连线，画出驳口线。

步骤二，见图 7-47。

① 后绱领线：从肩颈点画与驳口线平行的直线，在此线上取后领口尺寸（○），成为绱领线；这条线比实际的领口弧线尺寸稍短，绱领子时在颈侧点附近将领子稍微吃缝。

② 倒伏量：将绱领线倒伏 4.8cm，这个量称为放倒尺寸（倒伏量），多出的领外口长度可以使领子服帖。

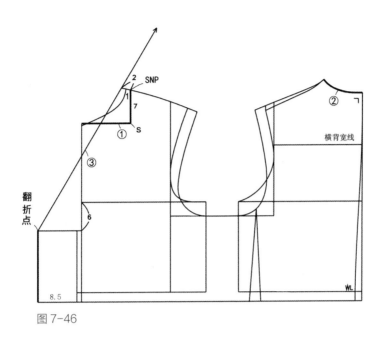

图 7-46

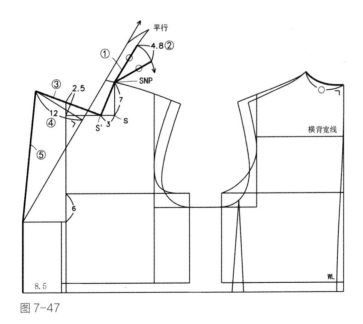

图 7-47

③ 领口线：前领口领宽线向前中心线倾斜 3cm，再连接前中心线与领深线相交点向上 2.5cm 处，确定出领口位置，画出串口线。

④ 驳头宽：在驳口线与串口线之间截取 12cm 驳头宽。

⑤ 驳头止口线辅助线。

步骤三，见图 7-48。

① 画驳头止口线：在辅助线基础上向外追加 0.7cm 画圆顺的弧线。

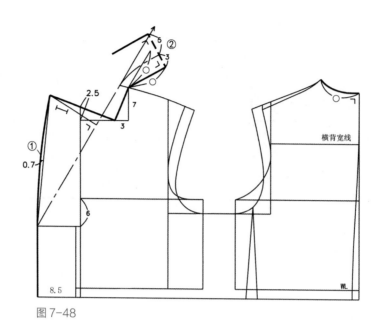

图 7-48

② 在倒伏后的缙领线上画垂线，作为领子后中心线；画出底领宽 3cm，翻领宽 5cm（可以盖住缙领线）。直角要用直角板准确画出。

步骤四，见图 7-49。

① 在串口线上，从驳头端点沿着串口线取 5cm，确定领口止点。过此点画 60° 线，取前领宽 4.8cm。

② 流畅连接翻领外领口线。

③ 将缙领线和翻领线修正为圆顺的弧线。

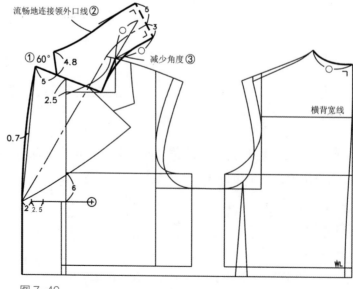

图 7-49

9.领子裁片图

领子裁片图见图 7-50。

五、紧密排料图

紧密排料图见图 7-51。

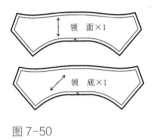

图 7-50

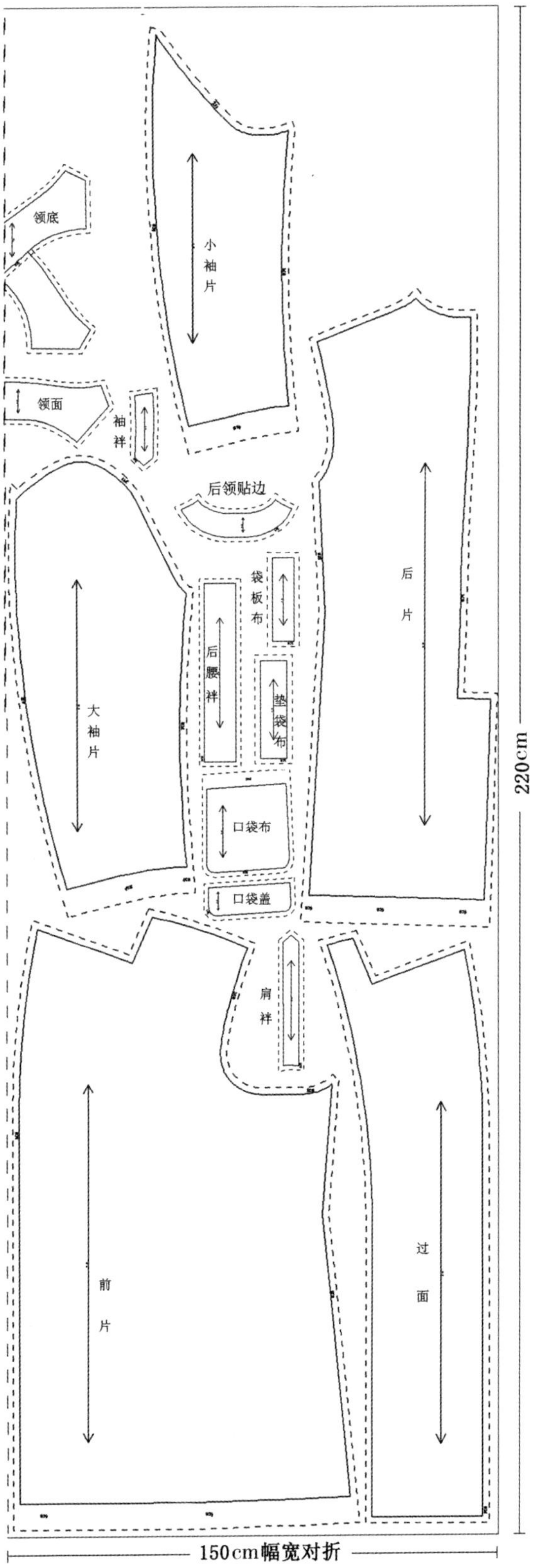

图 7-51

第四节　方领男式大衣

一、款式分析

方领男式大衣见图 7-52。

衣身廓型：H 型，四开身，小下摆。

前片直身型，斜插型口袋，侧缝下摆撇 5cm。

后片后中缝收腰，腰以下 20cm 开衩，侧缝下摆撇 3cm。

衣领造型：翻领，领口造型接近方形。

衣袖造型：圆装袖——弯袖、两片袖。

二、面料、里料和辅料

面料：150cm 幅宽，长 220cm。

里料：130cm 幅宽，长 220cm。

厚黏合衬：90cm 幅宽，长 130cm（前身用）。

薄黏合衬：90cm 幅宽，长 100cm（零部件用）。

厚、薄兼用的黏合衬：长 90cm 幅宽，200cm。

黏合牵条：1.2cm 宽斜丝牵条，长 280cm。

肩垫：厚度 0.7cm，一副。

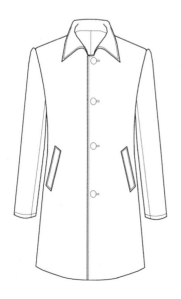
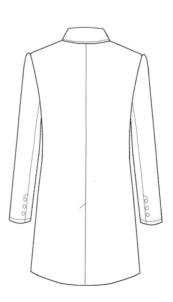

图 7-52

纽扣：前衣襟直径 2.5cm，4 粒；袖口直径 1.5cm，6 粒。

三、规格设计与结构设计流程

1. 规格设计

方领男式大衣各部位尺寸规格见表 7-3。

表 7-3　方领男式大衣各部位尺寸规格

示例规格：180/94A　　　　　　　　　　　　　　　　　　　　　　　　　　　　单位：cm

部　位	净尺寸	成品尺寸	放松量
后衣长 L（BNP～底边）	97	97	—
胸围 B	94	115	23
腰围 W	82	—	—
臀围 H	96	—	—
肩宽 S	46	48	2
背长	45	45	—
袖长（SP～腕骨）	58	60.5	2.5
袖肥	—	42	—
袖口宽（1/2）	—	17	—
前搭门宽	—	3	—
后领面宽	—	5	—
后领座宽	—	4	—
领口宽	—	9.5	—
袖窿底点～BL	—	2	—

2. 结构设计流程

（1）准备文化式男装原型。

（2）根据面料的厚度、款式造型进行主要部位放松量的设计。

（3）设计成衣胸围放松量。

（4）设计成衣衣长尺寸。

四、制图步骤与方法

1. 前、后衣身制图

前、后衣身制图见图 7-53。

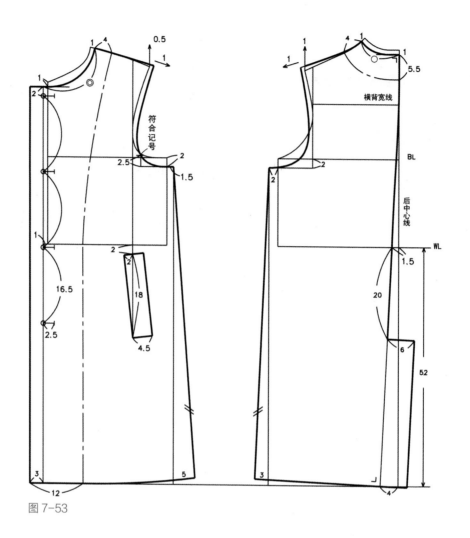

图 7-53

步骤一，准备文化式男装原型（参考制图原理男装原型部分），见图 7-54。

① 底边线：WL 线向下 52cm。

② 前中心线：由于面料厚度，向外追加 1cm。

③ 后中心线收腰 1.5cm，底边线收 4cm。

④ 前、后片侧缝辅助线：原型袖窿深线下降 2cm，前、后片分别增加放松量 1.5cm、2cm，由此两点向下画垂线，相交于底边线。

⑤ 前、后领口弧线。

⑥ 前、后肩线。

⑦ 连接袖窿弧线。

⑧ 确定符合记号位置。

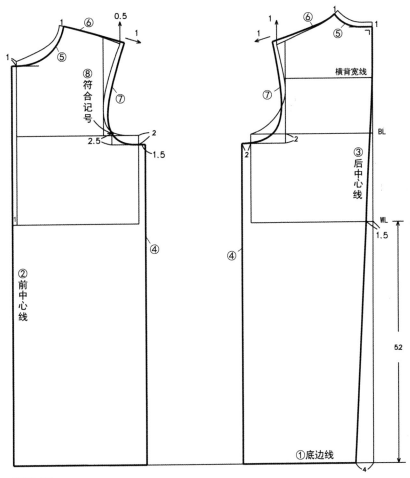

图 7-54

步骤二，见图 7-55。

① 止口线：前中心线向外 3cm 形成止口线。

② 后片侧缝线：下摆撇 3cm。

③ 后片底边线：由后片底边中心线向侧缝线作直角，相交于后侧缝线，为后片底边线。

④ 前片侧缝线：下摆撇 5cm，在前侧缝量取后侧缝长度，使前、后侧缝长度相同。

⑤ 绘制前片底边线。

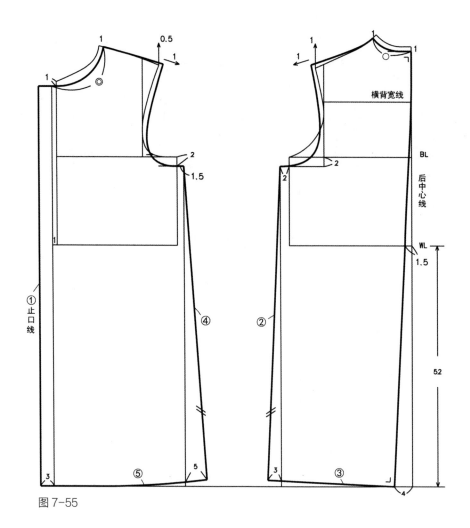

图 7-55

步骤三，见图 7-56。

① 绘制后片中缝开衩位置。

② 设计前片口袋位置。

③ 绘制前、后衣片贴边位置。

④ 确定纽扣、扣眼位置。

2. 衣身裁片图

衣身裁片图见图 7-57。

3. 袖子制图

袖子制图见图 7-58。

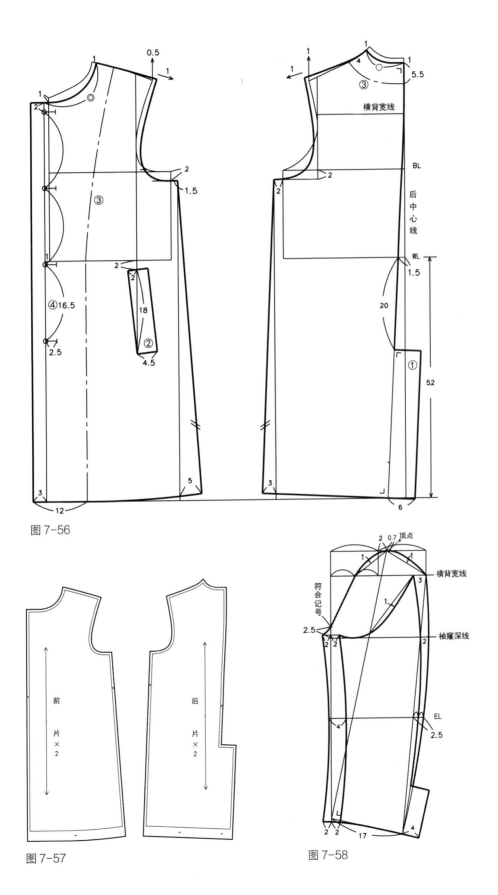

图 7-56

图 7-57

图 7-58

步骤一，测量 AH 长度，通过 AH 计算出袖山高、袖肥，绘制袖弧线的辅助线、袖长线及袖肘线，见图 7-59。

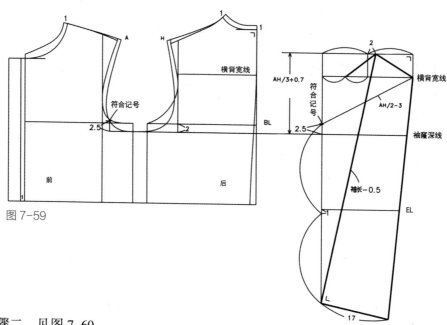

图 7-59

步骤二，见图 7-60。

① 找到袖山顶点及绘制袖山弧线的辅助点。

② 找到绘制大袖片的各辅助点。

步骤三，见图 7-61。

① 绘制大袖片袖山弧线。

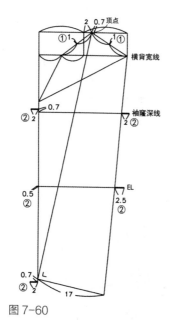

图 7-60

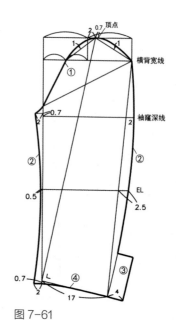

图 7-61

②绘制大袖片内袖弧线及外袖弧线。

③绘制大袖片袖口开衩位置。

④绘制大袖片袖口线。

步骤四,见图7-62。

①绘制小袖片内袖弧线及外袖弧线。

②绘制小袖片袖山弧线。

③绘制小袖片袖口开衩位置。

④绘制小袖片袖口线。

4.袖子裁片图

袖子裁片图见图7-63。

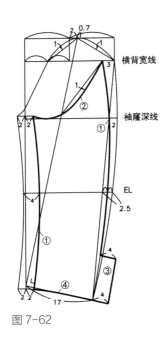

图7-62

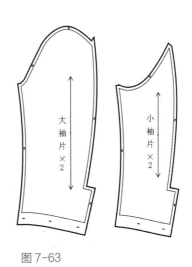

图7-63

5.领子制图

领子制图见图7-64。

6.领子裁片图

领子裁片图见图7-65。

7.零料图

零料图见图7-66。

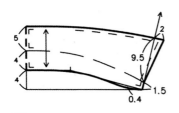

图 7-64

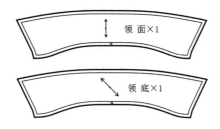

领 面×1

领 底×1

图 7-65

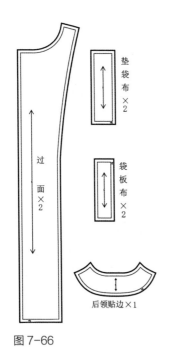

过 面×2

垫袋布×2

袋板布×2

后领贴边×1

图 7-66

五、紧密排料图

紧密排料图见图 7-67。

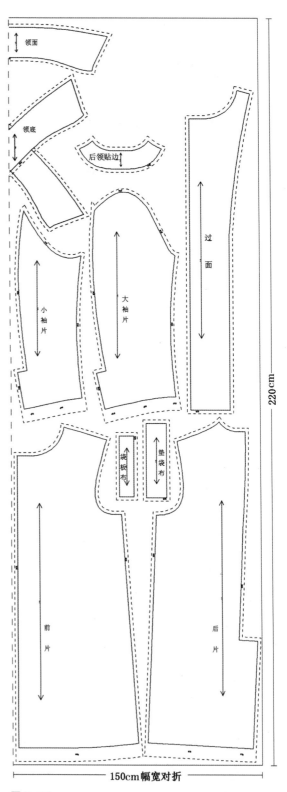

领面

领底

后领贴边

过面

小袖片

大袖片

过面

袋板布

垫袋布

前片

后片

220cm

150cm幅宽对折

图 7-67

【思考与实践】

（1）查阅相关资料，了解男式大衣的发展历程、经典款式，并且调研当下男式大衣的流行趋势。

（2）思考男式大衣结构造型方式，袖子绘制方法与女装的不同之处。

（3）绘制本章所讲授男大衣的比例制图，重点把握结构线位置、轮廓线走势（1∶400）。

（4）实践操作本章其中一款1∶1制图，做到线条清晰、结构合理、比例得当。

全课程最终大作业要求

作业内容：

（1）用中、厚度毛呢面料设计制作一两件具有时尚感的大衣。制图要求线条流畅、结构合理、廓型美观大方；制作过程要求运用归拔熨烫的制作工艺，缝制认真仔细、工艺精致。

（2）制作一份大衣作品集，包括 1 ：400 大衣结构制图（其中有效果图，前、后款式图），排料、裁剪、制作过程的图片，成品图片（包括前、后、侧的成衣效果照片），要求图片清晰，排版美观。

评分标准：

成衣整体穿着效果得体、廓型时尚美观、版型结构准确（30%）；材料选择与搭配合理恰当（20%）；工艺完整规范、质量精良（50%）。

参考文献

日本文化服装学院，2004.服饰造型讲座5：大衣·披风［M］.张祖芳，等译.上海：东华大学出版社.

三吉满智子，2006.服装造型学：理论篇［M］郑嵘，张浩，韩洁羽，译.北京：中国纺织出版社.

张文斌，2017.服装结构设计：男装篇［M］.北京：中国纺织出版社.

张文斌，2017.服装结构设计：女装篇［M］.北京：中国纺织出版社.